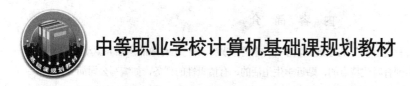

中等职业学校计算机基础课规划教材

信息技术基础
（第二版）

主　编　吴文虎

参　编　韩瑞雨　曹文彬　王　惠　董　莉

U0316608

中国铁道出版社
CHINA RAILWAY PUBLISHING HOUSE

内 容 简 介

本书遵循"以工作过程为导向"的原则，以多年来教学实践证明行之有效的"任务驱动"的方式来编写，设计了一系列有时代特点的、贴近学生生活的、有情景性的任务，如编写公司简介、自我介绍、制作节日贺卡、编排专刊等，通过完成这些任务，学生可快速掌握必要的计算机知识和技能，有效提高分析问题和解决实际问题的能力，收到事半功倍的效果。

本书选择了计算机应用中最基础的内容作为必修内容，如计算机基本知识与操作、网络应用基础、通用办公软件的应用等。还选择了一些实用模块作为部分专业的选修内容或因材施教的内容，如多媒体素材的初步处理、网页制作和常用工具软件。在使用本书时，可以根据各校和不同专业的具体情况，有针对性地选择相关内容安排教学。

本书适合作为中等职业学校非计算机专业学生的教材，也可作为各类职业技能培训的教学用书或供自学使用。

图书在版编目（CIP）数据

信息技术基础/吴文虎主编. —2 版. —北京：
中国铁道出版社，2016.8
中等职业学校计算机基础课规划教材
ISBN 978-7-113-21820-1

Ⅰ. ①信… Ⅱ. ①吴… Ⅲ. ①电子计算机－中等专业
学校－教材 Ⅳ. ①TP3

中国版本图书馆 CIP 数据核字（2016）第 110828 号

书　　名：**信息技术基础**（第二版）
作　　者：吴文虎　主编

策　　划：	尹　娜	读者热线：	（010）63550836
责任编辑：	尹　娜　冯彩茹		
封面设计：	付　巍		
封面制作：	白　雪		
责任校对：	汤淑梅		
责任印制：	郭向伟		

出版发行：中国铁道出版社（100054，北京市西城区右安门西街 8 号）
网　　址：http://www.51eds.com
印　　刷：北京海淀五色花印刷厂
版　　次：2008 年 6 月第 1 版　　2016 年 8 月第 2 版　　2016 年 8 月第 1 次印刷
开　　本：787 mm×1 092 mm　1/16　印张：16.75　字数：400 千
书　　号：ISBN 978-7-113-21820-1
定　　价：38.80 元

序

　　信息科学技术是现代人类社会和谐发展的强大推动力。以计算机为龙头的，作为"人类通用智力工具"的信息技术应该成为人们学习、工作、生活中的得力助手。学习和掌握信息技术是适应社会发展的需要，也是落实"科教兴国"战略的要求。

　　在现今社会，网络已成为一种"文化"，信息的搜集、获取、加工、交流与传播已是人人必备的能力。因此，"信息技术基础"作为中等职业学校的文化基础必修课是极为必要，也是极为重要的。

　　本书在编辑过程中，充分考虑和研究了中等职业学校学生的学习特点与认知规律，力求有的放矢，使本书对教与学都能起到良好的引领作用。

　　信息技术实践性极强，因此，我们强调"实践第一"的观点。书中的内容以"过程性知识"为主，重在引导学生动手操作，将课堂讲授与实训练习融为一体，从而获得真知灼见，练就动手解决问题的本领，习得良好的动手习惯。强化实践不等于不要理论指导，但两者有主次之分。学生今后要用什么，课中就教他们做什么和练什么。本书的编写采取行之有效的"任务驱动"方式，将知识点和技能蕴含在能激发学生兴趣的既要动脑又要动手的若干个具体任务中，要求学生亲历亲为。

　　信息技术发展神速，博大精深，对学生而言，作为一门公共课，这里仅仅是打基础，本课程定位为对各个专业都适用的文化基础课。这是因为，学习和掌握信息科学与技术，在高水准的知识结构中占有重要的地位。讲文化要以科学为基础，讲科学要提升到文化的高度。

　　本书总结了编写者 20 多年来的教学实践经验，特别是研究了中等职业学校学生的心理特点、认知规律和实际需要，在课程的诸多模块中做了比较科学的安排，采取了深入浅出的写作方法。最为重要的是，以实训为主线的教学设计来展开所有关键技能的教法，能够取得非常好的教学效果。我们认为，作为文化基础的这门课必须在使用中才能学会。多年教学实践已经证明：纸上谈兵无异于自欺欺人，强化上机动手实践才是最为有效的学习方法。化难为易的金钥匙就是"动手"，只有亲自动手实践，才能感受到学习的兴趣，才会有成就感。

吴文虎

2016 年 5 月 9 日

前言（第二版）

　　"信息技术基础"是中等职业学校必修的一门公共基础课程。以计算机科学与技术为龙头的信息技术的迅速发展，给职业教育的发展提供了新的平台，注入了活力。人们呼唤符合职业教育目标与规律的新教材。本书就是在这样的背景下产生的。

❖ 本书编写的指导思想

1．"工作过程为导向"原则

　　职业教育研究和教学实践表明，"按照工作过程来序化知识，即以工作过程为参照系，将陈述性知识与过程性知识整合、理论知识与实践知识整合"，是职业教育一条行之有效的基本原则。用一句话来概括，就是要以"工作过程为导向"来设计课程、编写教材。本书就是遵循这个原则来编写的。

2．在解决问题中学习

　　现代心理学研究表明，学习是学习者通过新旧知识、经验之间充分的相互作用而"生成"自己的知识的过程，即"建构知识"的过程。为此，在教学中，要以学生为中心，教师应该就学习内容设计出有思考价值的、有意义的问题，引导学生通过持续的概括、分析、推论、假设检验等思维活动，来建构与此相关的知识。

　　实践证明，"在问题解决中学习"是一种好办法。在传统教学中，知识的获得和知识的应用（学和做）是两个过程。而"在问题解决中学习"则以新的思路来设计教学——教师针对所要学习的内容设计出具有思考价值的、有意义的问题（任务），然后带领和指导学生去思考、去尝试解决。在问题解决过程中，学生要充分调动自己的智慧和创造性，综合运用原有的知识经验，分析、解释当前的问题，形成自己的假设和解决方案。

3．关注学生的兴趣，贴近学生生活

　　本书力图改变繁难偏旧的内容，精选了终身学习必备的基础知识和技能，设计了一系列具有时代特点、能激发学生兴趣、贴近学生生活、具有情景性的任务，通过完成这些任务，展开教学过程，使学生掌握必要的知识和技能，提高分析问题和解决问题的能力。

❖ 本书主要特点

1．"过程性知识"为主，"陈述性知识"为辅

　　按照培养一线技术应用人才这个目标，职业教育不同于学科教育，要在做中学，以过程性知识为主，陈述性知识为辅。教学以职业工作中实际需要的经验和工作策略的习得为主，以适度够用的概念和原理为辅。

　　本书的基本结构为：提出任务→任务分析→动手实践，即以学习操作和培养动手能力为主要学习线索，中间以"知识窗"的形式穿插一些必要的"知识"。

2．注重基础知识和技能

本书面向的是中等职业学校所有非计算机专业的学生，因此，选择计算机应用中最基础的内容作为基本的必修内容，如计算机基本知识与操作（第1章）、网络基础应用初步（第2章）、常用办公软件的应用（第4、5、6章）等；适量选择一些选修模块作为部分专业的选修内容或因材施教的内容，如多媒体素材的处理（第3章）、常用工具软件（第7章）等。教师在使用本书时，可以根据本校和本专业的具体情况，有针对性地选择其中有关的内容进行教学。

3．实践为主，动手动脑

计算机应用基础课程有实践性强的特点。正如吴文虎教授所说的："计算机不是听会的，也不是看会的，而是练会的。"本书不再分理论课和实训课两部分，而是以理论与实践融合、陈述性知识与过程性知识融合的方式展开，以强化实践、引导动手动脑为主线，着重实训，理论部分则以"适度""够用"为原则。

例如，在书中穿插了一些"练一练""试一试"等小栏目，每节后安排了自主练习，以便于学生边学习边上机实践；穿插了"小说明""小技巧"的栏目，以引导学生动脑思考。

4．采用任务驱动方式

本书不以学科系统来编排，而是以"工作过程为导向"的原则来构思。即以多年来的教学实践证明行之有效的"任务驱动"的方式来编写。每个教学章节都设计了若干个与学生生活和即将从事的专业工作接近的、有实际情境的具体任务（或项目），把要学习的知识和技能蕴含在这些任务中，通过动手动脑完成（解决）这些任务，使学生学会和掌握有关的知识和技能，培养学生利用信息技术初步分析问题、解决问题的能力。

5．情境性、人本性和科学性

情境性：情境性是计算机应用基础课程教学的原则之一，目的是加强与现代社会的联系，激发学生的兴趣，使学生在情景中学会学习，从而终身受用。本书每个章节都设置了若干个情境，如编写公司简介、自我介绍、制作节日贺卡、编排祖国的山川文化专刊、展示学生的体育和文艺特长等。通过分析和解决这些喜闻乐见的任务，培养学生的能力。

人本性：以学生为主体，符合学生的实际，顾及学生的终生发展，激发潜能，最大限度地调动学生的主动性和积极性。本书的内容既便于学生自学，又给学生留有独立探索和思考的空间，培养创新能力。

科学性：循序渐进，少而精，符合人的认知规律，教学安排由简单到复杂，由浅入深，先学下位知识，后学上位知识，符合初学者的记忆规律。

6．课时安排

序　号	各章名称	必学课时	选学课时
1	第1章　计算机基本知识与操作	14	2
2	第2章　网络基础应用	12	4
3	第3章　多媒体素材的处理	6	4
4	第4章　文字处理	16	
5	第5章　数据处理	12	4
6	第6章　用多媒体作品展示信息	10	

序　号	各章名称	必学课时	选学课时
7	第7章　常用工具软件		8
合计		70	22

　　本书是通力合作的产物。本书主要将第一版 Windows XP 和 Microsoft Office 2003 的基本使用方法和使用技巧升级为 Windows 7 和 Microsoft Office 2010 的基本使用方法和使用技巧。参与研讨与编写工作的有大学的老师，还有在中等职业学校第一线教学的老师，有的执笔，有的出谋划策，有的提供经验，总之，"贡献精品"的共同心愿使大家走到了一起。本书由吴文虎任主编，李秋弟任特约策划，韩瑞雨、曹文彬、王惠、董莉参与编写。编写分工如下：吴文虎主要负责统稿和审稿，韩瑞雨主要编写第一章、第二章、第三章和第七章，曹文彬主要编写第四章和第六章，王惠主要编写第五章，董莉参与了第一版的编写工作。参与和支持过本书编写的还有吕品、陈星火、李宇红、赵红梅、马嵘等，为本书编写做过资料整理等工作的还有徐屹、李丽晖、赵燕琳等；中国铁道出版社的有关编辑对本书的出版付出了很大的热情与心血，在此一并表示衷心的感谢。

　　由于编写时间仓促，疏漏和不足之处在所难免，敬请读者多提宝贵意见，以供再版时加以改进。

编　者

2016 年 3 月

目 录

第 ① 章

计算机基本知识与操作

21 世纪已经进入了信息时代，掌握现代信息技术的应用是成为新世纪人才的必备技能。而掌握计算机的知识和基本操作，是掌握信息技术的重要内容。

学习目标

- 学会启动和关闭计算机。
- 掌握 Windows 7 的基本操作。
- 学会用"画图"软件制作标志、贺卡等图形。
- 掌握键盘指法和一种汉字输入法。

学习内容

章　　节	主要知识点	任　　务
1.1　初识计算机	1. 启动和关闭计算机 2. Windows 7 的基本操作 3. 鼠标操作（一）	1.1　在计算机中"养热带鱼" 1.2　玩"纸牌"游戏
1.2　应用"画图"程序绘图	1. 鼠标操作（二） 2. 键盘 3. 用"画图"软件制作图形	1.3　制作产品标志 1.4　制作节日贺卡
1.3　操作键盘与录入文字	1. 键盘的主要结构和分区 2. 键盘指法 3. 汉字输入的基本方法	1.5　撰写公司简介
1.4　管理计算机资源	1. 新建文件夹树 2. 利用搜索功能查找文件和文件夹 3. 保护文件和文件夹	1.6　建立自己的文件夹树 1.7　查找文件和文件夹 1.8　删除文件和文件夹 1.9　保护文件和文件夹
1.5　设置计算机安全	1. 维护计算机信息系统安全的重要性 2. 计算机信息系统安全法规 3. 保护计算机信息系统安全的基本方法	1.10　维护计算机信息系统安全

1.1 初识计算机

【任务 1.1】在计算机中"养热带鱼"

热带鱼色彩斑斓，让人赏心悦目，其实在计算机中也能"养热带鱼"，下面让我们一起来探寻这个秘密。

任务分析

要使用计算机，首先要了解计算机的基本组成，然后打开计算机，学习如何使用计算机中的应用程序。

动手实践

1. 了解计算机的基本组成

计算机系统由硬件和软件两大部分组成。硬件系统是组成计算机的物理器件，如显示器、主机、键盘、打印机等。软件是计算机工作所需要的程序、数据和有关资料。

计算机软件系统又可分为系统软件和应用软件两大类。操作系统是主要的系统软件。

计算机从外观上看，主要由显示器、主机箱、键盘、鼠标和其他一些外围设备（音箱、耳麦、打印机等）组成，如图 1-1 所示。

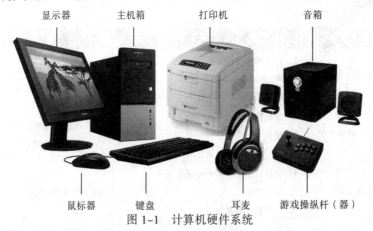

图 1-1 计算机硬件系统

2. 启动计算机

启动计算机的主要工作是接通计算机电源和启动操作系统。具体操作步骤如下：

1）做好开机前的准备工作

检查电源接线是否接好，检查光盘驱动器中是否还有光盘，如果有，要将盘片取出来。

2）启动计算机

（1）检查显示器的电源是否已经打开。

（2）接通主机的电源。在主机面板上找到主机电源开关，然后打开它。开机后，屏幕显示若干行文字，表示计算机正进行自检，几秒之后屏幕出现图 1-2 所示的 Windows 7 启动画面。

图 1-2　Windows 7 启动画面

稍等片刻，当显示器屏幕显示图 1-3 所示的画面时，Windows 7 操作系统的启动工作就完成了。

图 1-3　Windows 7 的桌面

3. 认识 Windows 7 的桌面

Windows 7 启动成功后，显示器屏幕如图 1-3 所示，我们称整个屏幕区域为"Windows 7 桌面"，简称"桌面"。一般来说，Windows 7 桌面由以下各部分组成：

1）图标

Windows 7 桌面上有一个个小图形，每个图形下有文字，这些小图形称为图标，图标下面的文字是图标的名称。Windows 桌面上的这些图标，有的代表文件，有的代表程序，有的代表快捷方式。图标的个数、形状和名称因计算机中系统的设置和安装软件的不同而有差异。实际应用时，可以根据自己的喜好和需要改变图标的形状、名称、摆放位置和排列顺序。

2）任务栏

桌面底部的一个蓝色长条区域称为任务栏。任务栏右侧的数字是计算机内部时钟当前的时间。数字左侧还有一些小图形，是一些软硬件标志。例如，小扬声器图标是声卡的标志，其中还有一个输入法选择按钮，通过它可以选择和切换中英文输入法。

3）"开始"按钮

任务栏左下角有一个 按钮，称为"开始"按钮。这是 Windows 很重要的一个按钮，许多操作都要通过它来完成。

4）鼠标指针

"桌面"上一个箭头形状的图形称为鼠标指针。鼠标指针随鼠标的移动而改变位置，它的形状也会因执行不同的操作而改变。鼠标指针是用鼠标操作计算机的主要标志。

试一试

（1）检查计算机的线路是否已经接好。检查 USB 接口上是否插有 U 盘或移动硬盘，如果有，请把它们取出来。

（2）启动计算机，观察屏幕，并说出桌面上各部分的名称。

4. 掌握鼠标的操作

知识窗——鼠标

鼠标的种类很多，有机械式、半机械式和光电式鼠标等，目前常用的是光电式鼠标。鼠标又有两个按键、三个按键和两个键中间加一个滚轮等多种。其插口也有多种，图 1-4 所示由左至右依次是 USB、无线连接的鼠标。

USB 插口鼠标　　　无线鼠标

图 1-4　各种鼠标

下面以两个键中间加一个滚轮的鼠标为例，介绍鼠标的基本用法。

1）鼠标握法

要使用鼠标，首先要掌握鼠标的基本握法。鼠标的基本握法是：右手手掌放在鼠标的后半部上，右手拇指在左，无名指和小指在右，分别放在鼠标两侧，食指和中指分别放在左右两键之上，如图 1-5 所示。

图 1-5　鼠标的握法

2）鼠标基本操作

鼠标有 6 种基本操作。

（1）移动（Move）。握住鼠标，让它在鼠标垫或桌面上滑动，这时，屏幕上的鼠标指针也会随之移动，这种操作鼠标的方法称为"移动"。移动鼠标时，鼠标底部不能离开桌子或鼠标垫。

今后我们将"移动鼠标，使鼠标指针移到×××上"这一操作简写为"将鼠标指针移到×××上"，或写为将"鼠标指针指向×××"。

练一练

移动鼠标，使鼠标指针移动到屏幕左下角的"开始"按钮上，稍等片刻，观察出现了什么？再移动鼠标，使鼠标指针指向右下角表示时间的数字，稍等片刻，观察又出现了什么文字？请将看到的结果填在后面括号中。（　　　）、（　　　）

（2）单击（Click）。用食指快速按一下鼠标左键后马上放开，这种操作称为"单击鼠标左键"，简称"单击"。将鼠标指针移动到某图标上并单击鼠标，简称"单击某图标"。

练一练

> 单击桌面上的一个图标，观察产生什么变化？（图标背景变为深蓝色）。单击"开始"按钮，观察产生什么结果？

（3）拖动（Drag）。按下鼠标左键，不要放开，同时移动鼠标，这种操作称为"拖动"。把鼠标指针移到某对象上，然后拖动鼠标，称为"拖动某对象"。

练一练

> 将鼠标指针移到桌面"计算机"图标上，然后拖动鼠标，观察发生了什么变化？今后将这个操作称为拖动"计算机"图标。

（4）右击（Right Click）。用中指按一下鼠标右键后马上松开，这种操作称为"单击鼠标右键"，简称"右击"。将鼠标指针移到某对象上并右击简称"右击某对象"。

练一练

> 将鼠标指针移到"计算机"上并右击，观察发生什么变化？再右击任务栏，又出现什么变化？
>
> 今后将右击某对象出现的方框称为"快捷菜单"（或"右键菜单"）。

（5）双击（Double Click）。快速、连续按两下鼠标左键，称为"双击鼠标左键"，简称"双击"。将鼠标指针移到××上再双击，简称"双击××"。

注意，在双击时，两次按键时间间隔要短，否则变为两次单击。

练一练

> 双击右下角表示时间的数字，屏幕出现什么变化？（出现标有"日期和时间 属性"的方框，称为对话框）再单击对话框右上角标有"×"的按钮，将其关闭。

（6）拨动滚轮。将食指（或中指）放在鼠标中间的滚轮上先前后向后拨动滚轮称为"拨动滚轮"。

5. 打开"养热带鱼"的应用程序

打开"养热带鱼"的应用程序，操作步骤如下：

（1）单击屏幕左下角的"开始"按钮，出现图1-6所示的方框。

知识窗——菜单

> 单击某对象如果出现方框，方框中有若干文字选项，这个方框称为"菜单"。单击"开始"按钮出现的菜单也称为"开始"菜单。

（2）把鼠标指针向上移动到"开始"菜单中的"所有程序"选项上，稍等片刻，出现图 1-7 所示的子菜单。

图1-6　"开始"菜单　　　　　　　　　图1-7　子菜单

知识窗—子菜单————————————————————————

　　选择菜单中某选项后出现的新的菜单称为子菜单，也称为二级菜单。

　　（3）把鼠标指针向右移动到二级菜单中，然后向上移动到选项"Aqua Real"上，选择 "Aqua Real"命令，稍等片刻后，屏幕出现图1-8所示的界面，即完成打开应用程序"养热带鱼"的操作。

图1-8　　"养热带鱼"文件界面

6．使用应用程序

1）给"热带鱼挠痒"

　　移动鼠标，可以发现，屏幕上的鼠标指针变为一只小手形状，把"小手"移到某条鱼身上，然后单击，"小手"的指头会随着在鱼身上"挠动"，这条鱼因"痒痒"随时会逃走。

2）喂鱼虫

　　（1）右击屏幕，屏幕上出现图1-9所示的选择条。

　　（2）单击选择条中的第二个图标，选择条消失，鼠标指针变为第二个图标的形状。

　　（3）移动鼠标并单击，鼠标指针四周出现多个跳动的小点，这

图1-9　选择条

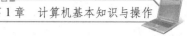

就是"鱼虫"。屏幕上的鱼会自动游到这些"鱼虫"处来"吃食"。

温馨提示

单击选择条上的第三个图标，可以进入设置界面，例如设置颜色、鱼的种类和个数等。

3）退出"热带鱼"程序

按【Esc】键或单击选择条中的 图标，即可退出程序。

小技巧

也可以利用快捷菜单来打开"养热带鱼"文件。

方法一：

（1）右击桌面上图 1-10（a）所示的图标，弹出图 1-10（b）所示的快捷菜单。

（a）快捷图标　　　　　　　　　　（b）快捷菜单

图 1-10　快捷方式

（2）选择菜单中的"Test"命令，即打开该应用程序。

方法二：

双击图 1-10（a）所示的快捷方式图标，也可以打开"养热带鱼"应用程序。

知识窗——快捷菜单

屏幕上图 1-10（a）所示的图标称为快捷方式图标，简称快捷方式。右击快捷方式打开的菜单称为"快捷菜单"或"右键菜单"。

若计算机中没有"热带鱼"应用程序，也可从网络上下载安装程序 Aqua Real 并安装到计算机中即可。

【任务 1.2】玩"纸牌"游戏

Windows 7 附带有一个"纸牌"游戏，下面来学习启动和玩这个游戏的方法。

任务分析

启动 Windows 7 附带的程序一般可以通过"开始"菜单来打开它。要学习应用程序的使用，可以向老师、其他同学请教，也可以通过程序自带的帮助文件来学习。

动手实践

1．启动"纸牌"程序

（1）单击"开始"按钮，然后在出现的"开始"菜单中选择"所有程序"命令，弹出子菜单。

（2）在子菜单中选择"游戏"命令，在弹出的三级子菜单中选择"纸牌"命令，当屏幕上出现图 1-11 所示的窗口时，"纸牌"程序启动成功。

2．学习游戏规则

（1）打开"帮助"窗口。"纸牌"窗口第二栏是菜单栏，单击菜单栏中第二个命令"帮助"，弹出图 1-12 所示的菜单。

图 1-11　"纸牌"窗口　　　　　　　图 1-12　"帮助"菜单

知识窗——菜单栏

单击菜单栏中的某命令出现的菜单，称为该选项的菜单，因此选择"帮助"命令出现的菜单称为"帮助"菜单。同样，选择"游戏"命令出现的菜单称为"游戏"菜单。

（2）选择"帮助"菜单中的"查找帮助主题"命令，打开图 1-13 所示的窗口。

（3）单击窗口中所列出的某个链接（如"启动游戏的步骤"），窗口中显示相应的内容。

（4）分别单击其他链接，学习游戏的玩法。

（5）单击"帮助"窗口右上角的"关闭"按钮▨，可关闭该窗口。

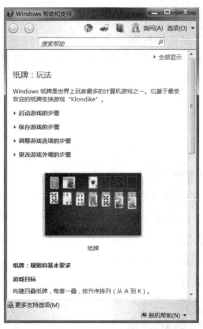

图 1-13　"Windows 帮助和支持"窗口

知识窗 — 滚动条及其使用

在图 1-13 所示的窗口的右侧，有一个上下两端有箭头的长方条，这个长方条称为"滚动条"，这个滚动条的作用是当窗口中的内容超过窗口的大小时，可以单击滚动条下面的向下箭头，使显示的内容向下移动，或单击滚动条上面的向上箭头，让显示的内容向上滚动。也可以用鼠标拖动中间的滑块来使显示内容向上或向下滚动。

还可以把鼠标指针移到右窗格内的文字上，拨动鼠标中间的滚轮来移动文字。

3．玩纸牌游戏

按照学会的方法玩纸牌游戏。游戏完成后，窗口左下角（状态栏上）会显示得到的分数。与其他同学比一比，看谁得的分数最高。

4．退出游戏

单击"纸牌"窗口右上角的"关闭"按钮，可退出游戏。

练一练

（1）打开"纸牌"游戏玩，然后关闭它。

（2）试着用不同方法打开"桌面"上的其他文件并阅读其内容。

归纳总结

本节主要学习了以下的内容：

（1）计算机系统是由硬件系统和软件系统组成。

（2）启动计算机主要是启动 Windows 操作系统。

（3）鼠标的 5 种基本操作：移动、单击、拖动、右击和双击。

（4）启动和关闭应用程序的方法。

拓展知识

1. 计算机的分类

计算机按表示信息的方式可分为模拟式计算机和数字式计算机。我们目前所说的计算机（Computer）全名应是"电子数字式计算机"，是一种按程序自动进行信息处理的通用工具。它的处理对象是数字信息，处理结果也是数字信息。图 1-14 是世界上第一台电子计算机 ENIAC 和我国第一台自行设计的电子计算机 107 机。

电子计算机按规模分，可以分为巨型机、大型机、中型机、小型机和微型机等多种类型，我们常见的是微型计算机，简称微机。

（a）世界第一台计算机 ENIAC　　　　　（b）中国第一台自行设计的计算机 107 机

图 1-14　早期的计算机

2. 计算机系统组成

计算机系统可分为硬件和软件两大部分。

1）计算机硬件

现在使用的计算机硬件系统的结构，基本是按著名科学家冯·诺依曼提出的结构来设计的，主要由运算器、控制器、存储器、输入设备和输出设备五大部分组成。其中运算器和控制器合称为中央处理器。

（1）中央处理器。中央处理器又称 CPU（Central Processing Unit），是微型计算机的核心部件。CPU 主要由控制器和运算器两部分组成。运算器是数据处理的核心部件，主要完成各种算术运算和逻辑运算。控制器主要作用是产生指令地址、取出指令、分析指令、向各个部件发出一系列有序的操作指令，实现指令的功能。

CPU 是计算机中最为重要的部件之一，如图 1-15 所示。在计算机中进行的任何操作（数据的输入、数据的存储、程序的运行、屏幕的显示、结果的打印等）都是在 CPU 的控制下完成的。CPU 比计算机中任何其他部件都更能决定计算机工作速度和效率，它是计算机的"心脏"，它的性能是衡量计算机性能的主要标志之一。CPU 的主要指标有字长、主频和型号。

① 字长：是 CPU 一次能处理的二进制位数。常用的有 8 位、16 位、32 位和 64 位等。

② 主频和 MIPS：主频是描述 CPU 运算速度的基本参数，是 CPU 内部运算的"时钟"，单位是 Hz。例如，主频 400 MHz 表示 CPU 每秒能执行 4 亿条最基本的指令。但是 CPU 的各条指令执行的时间是不同的，一些复杂的指令所用的时间是最基本的指令的 8 倍甚至更多。因此更能反映 CPU 工作能力的指标是每秒百万条指令（Million Instruction Per Second，MIPS)，是 CPU 在一秒内平均执行指令的条数。

③ 型号：生产 CPU 的厂家很多，不同生产厂家和同一厂家不同性能的 CPU 有不同的型号。如"酷睿 2"是英特尔（Intel）公司生产的 64 位 CPU；"速龙 64"是 AMD 公司生产的 64 位 CPU。

（2）存储器。存储器是计算机存储数据和程序的部件。由于计算机在工作时，CPU、输入/输出设备与存储器之间要大量地、频繁地交换数据，因此存储器的存取速度和容量也是影响计算机运行速度的主要因素之一。计算机的存储器一般分为两部分：主存储器和辅助存储器。

① 主存储器。主存储器又称内存储器，简称内存。内存是 CPU 能够直接访问的存储器，CPU 从内存中取操作指令和数据，又把运算结果送回内存，计算机工作时内存要与 CPU 频繁交换信息，所以内存应有较快的存取速度，它一般由半导体存储器组成，其外形如图 1-16 所示。内存按工作方式不同又可分为随机存储器（RAM）和只读存储器（ROM）两种。

（a）带散热器的 CPU　　（b）CPU 芯片

图 1-15　CPU　　　　　　　　　　图 1-16　内存储器（内存条）

- 随机存储器：简称 RAM（Random Access Memory），是一种既可以从中读出信息也可以往里写入信息的存储器。但计算机一旦断电，RAM 中存储的信息就会丢失。RAM 主要用于存放正在执行的程序和临时数据。

- 只读存储器：ROM（Read Only Memory），是一种只能读出信息而不能写入和修改其中信息的存储器。计算机断电后，ROM 中的信息不会丢失。ROM 常用来存放一些固定的程序、数据等，如检测程序、基本输入输出系统（BIOS）等。

② 辅助存储器。辅助存储器又称外存储器，简称外存。外存用于存放暂时不用的程序和数据。外存的种类很多，微型计算机的外存储器主要有硬盘存储器和光盘存储器。

- 硬盘存储器：硬盘存储器简称硬盘，也是一种磁介质的存储器。它与软磁盘存储器不同的是，涂磁粉的介质是金属薄片；多个金属薄片组装在一起；硬盘片和驱动器封装在一个密封的金属盒中，如图 1-17 所示。硬盘由于有上述特点，因此它的容量、读写速度都比软盘大得多，已成为微型机主要的外存储设备。

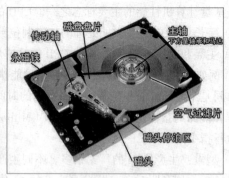

（a）外观 （b）内部结构

图 1-17 硬盘存储器

硬盘的技术指标主要是存储容量和读写速度。随着技术的改进和创新，硬盘的容量、读写速度和性能都在不断地提高，而价格却不断地下降。如目前的硬盘容量在几个 TB（太字节）左右，读写速度也日益提高。

- 光盘存储器：光盘存储器是一种利用光电转换原理读写信息的存储装置。分为光盘和光盘驱动器两部分，如图 1-18 所示。

（a）光盘驱动器 （b）光盘

图 1-18 光盘存储器

③ 存储单位。存储器的最小单位是位，即 bit，但一般存储器基本单位以字节（Byte）来计。计量存储的单位除字节外还有：

1 字节=8 bit；1KB（1 千字节）=1 024 字节；1MB（1 兆字节）=1 024 KB；1 GB（1 吉字节）=1 024 MB；1 TB（1 太字节）=1 024 GB。

（3）输入设备。输入设备有批式输入设备（如纸带输入机、软盘输入机等），交互式输入设备（如键盘、鼠标器、触摸屏等）以及语音、文字、图形输入设备，如常见的扫描仪、数码照相机、手写板（见图 1-19）等。其中键盘、鼠标和麦克风是微型机主要的输入设备。

（4）输出设备。输出设备有显示设备、印刷设备、语音输出设备、绘图仪等。打印机、显示器和音箱是微机主要的输出设备，如图 1-20 所示。

（a）扫描仪 （b）数码照相机 （c）手写板

图 1-19 输入设备

（a）液晶显示器　　　　　（b）音箱　　　　　（b）激光打印机

图 1-20　输出设备

2）计算机软件

只有计算机"硬件"还不能构成一个完整的计算机系统，它们仅仅构成了一台"裸机"，也就是电子计算机系统的硬件部分的组合。"裸机"对于一般用户是没有什么意义的，它只能由非常熟悉计算机原理与结构的专业人员使用。对于一般的个人计算机用户，要使计算机正常工作，就必须为自己的计算机配备必要的系统软件和应用软件。

通常认为，计算机软件包括系统软件与应用软件两大部分。

（1）系统软件。系统软件是计算机系统中最靠近硬件层次的软件，包括操作系统、编译程序等。

（2）应用软件。应用软件是由人们用计算机语言编写的解决各类实际问题的各种应用程序，既包括常见的办公软件、工具软件，也包括特定应用领域的专用软件，如考试管理软件、航班查询软件等。

通俗地说，计算机的系统软件是机器与所有用户之间的"高级翻译"，计算机的应用软件则是一般用户使用计算机的必备工具。没有它们，一般用户就无法使用计算机高效地工作，有了适用的高质量的应用软件，才能使用计算机高效率地完成自己的工作。

自主练习

（1）Windows 桌面上有一个"变脸"游戏，试着打开它并玩一玩。

（2）打开"Aqua Real"（养热带鱼）程序，使用它。

（3）打开"纸牌"程序，比一比谁得的分数高。

（4）打开"游戏"中其他程序，然后打开其中的帮助窗口，学习它的玩法，然后比一比谁玩得好。

1.2　应用"画图"程序绘图

【任务 1.3】制作产品标志

我们的生活中可以见到各种各样的标志（Logo），如交通标志、天气预报标志、公司标志和产品标志等。假设你是一个标志设计公司的雇员，请为某公司（或产品）设计制作一个标志（如图 1-21 所示的各种标志）。

图 1-21　各种标志

任务分析

标志的设计应简洁、醒目，能反映所要表达的对象。标志设计好后，用合适的软件来制作标志。下面以 Windows 自带的"画图"程序为例，制作图 1-22 所示的"葵花领带"标志。

图 1-22　"葵花领带"标志

动手实践

1. 启动"画图"程序

（1）单击"开始"按钮，打开"开始"菜单，然后在菜单中选择"所有程序"命令。

（2）在打开的菜单中选择"附件"命令。在"附件"命令中选择"画图"命令，打开图 1-23 所示的"画图"窗口。

图 1-23　"画图"窗口

上面的操作今后简写为：选择"开始"→"所有程序"→"附件"→"画图"命令。

2. 初识窗口、菜单和工具箱

"画图"窗口由标题栏、标签、功能区、状态栏、画布和滚动条组成（参见图 1-23）。

1）标题栏

标题栏位于"画图"窗口的最上面。左面的图标  称为控制菜单按钮，简称控制按钮。"无标题"是计算机给图画自动起的名字。右面依次是"最小化"按钮、"最大化"按钮和"关闭"按钮，如图 1-24 所示。

图 1-24　标题栏

2）菜单栏

标题栏的下面是菜单栏，从左到右有主页、查看两个菜单项。里面包含很多画图的命令。

3）功能区

功能区集成了"剪贴板""图像""工具""形状""颜色"5 个功能，如图 1-25 所示。

图 1-25　功能区

4）画布

窗口中间的白色部分是"画布"，就是画图的区域。

试一试

> 单击颜料盒中的红色色块，使前景色为红色。右击黄色色块，使背景色为黄色。

3．若干工具的使用

学习画标志要用到的一些工具的使用方法。

1）"直线"工具

单击功能区中的"形状"按钮，展开图 1-26（a）所示的形状列表，选择图标 ，即选定了"直线"工具。单击功能区中的"粗细"按钮，展开图 1-26（b）所示的画笔粗细选择列表，单击其中一种样式，即选定了要画的直线粗细。把鼠标指针移到画布上，在要画直线段的一个端点按住鼠标左键不放，然后拖动鼠标将指针移到要画直线段的另一个端点再释放鼠标左键，就画出了直线段，如图 1-27 所示。

（a）　形状列表

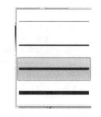

（b）画笔粗细选择

图 1-26　直线工具

练一练

> 在样式框中选取不同的线段粗细，然后在画纸上画出各种粗细的直线段。

2）"椭圆"工具

选择形状列表中的椭圆图标 ⬭，即选定"椭圆"工具。将鼠标指针移到画布上，按住鼠标左键并拖动，在画布上出现一个椭圆，到适当大小后释放鼠标左键，如图1-28所示。

图1-27　样式框和直线段

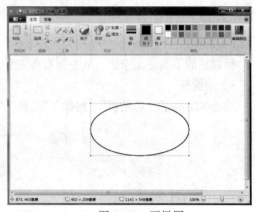
图1-28　画椭圆

如果选定了"椭圆"工具，先按住【Shift】键，再在画布上拖动鼠标，画出的是正圆。

3）"多边形"工具

选择形状列表中的选择图标 ◰，即选定"多边形"工具。画多边形的方法如下：把鼠标指针移到多边形第一个顶点处单击，拖动鼠标到第二个顶点处释放鼠标，画出第一边，然后把鼠标指针移到第三个顶点处单击，画布上自动出现第二条边，再移到第四个顶点处单击，画出第三条边，继续操作，到最后一个顶点处双击，画布上自动出现最后一条边，如图1-29所示。

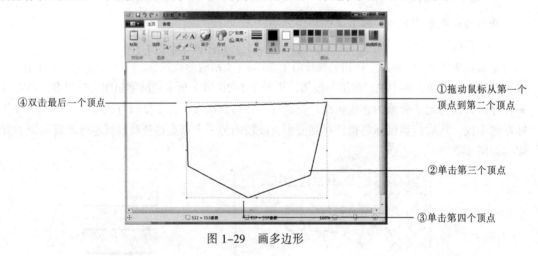

④双击最后一个顶点

①拖动鼠标从第一个顶点到第二个顶点

②单击第三个顶点

③单击第四个顶点

图1-29　画多边形

练一练

选取不同的样式，画出3种不同的多边形。

4）"橡皮"工具

单击功能区中的"橡皮擦"图标 ▱，即选定"橡皮"工具。"橡皮"工具可以擦除画错的部分，把鼠标指针移到要擦除的部分上拖动即可，如图1-30所示。

注意，选定"橡皮"工具后，"橡皮"的大小也通过"粗细"来调节。

利用橡皮擦除时，要先选取背景色与画布相同的颜色。因为"用橡皮擦除"实际上是用背景色来涂色。例如把背景色设置为靛青色后，用橡皮擦除的效果如图 1-31 所示。

（1）前景色：单击颜料盒中某一种颜色块，前景色即变成这种颜色。

（2）背景色：在颜料盒中右击某一种颜色，即可选定背景色。

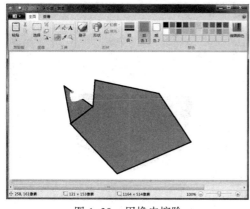
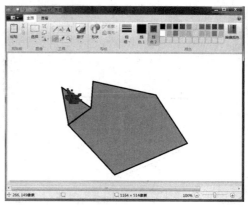

图 1-30　用橡皮擦除　　　　　　　　　　　图 1-31　用背景色擦除

 练一练

　　任意画一个图形，然后用"橡皮"工具擦除部分图形。

5）"选择"工具

单击功能区中"图像"工具中的"选择"图标，即选择"选择"工具。

"选择"工具主要用于选定画布上某部分的矩形区域图形。方法是将鼠标指针移到要选取图形的左上方，然后向右下方拖动，随着鼠标的拖动，屏幕上会出现一个逐渐变大的矩形虚框，当图形全部进入虚框后释放鼠标键，即选定了需要的矩形区域，如图 1-32 所示。

选定矩形区域后，就可以对选定部分进行多项操作，如删除、剪切、复制、粘贴和移动等。例如把鼠标指针移到选定框的内部并拖动，可以看到，这个被选定的图形随鼠标指针移动而移动，如图 1-33 所示。

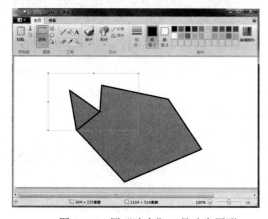
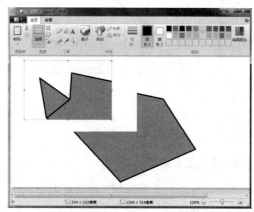

图 1-32　用"选定"工具选定图形　　　　　　图 1-33　选定图形并拖动

6）"用颜色填充"工具

单击功能区中的"用颜色填充"图标 ，即选定"用颜色填充"工具。"用颜色填充"工具主要用于对封闭图形填充颜色，方法是：先选择要填充颜色的色块，选定前景色，然后把鼠标指针移到要填充的封闭图形内部（这时鼠标指针变为颜料桶形状）并单击。填充前后的效果如图 1-34 所示。

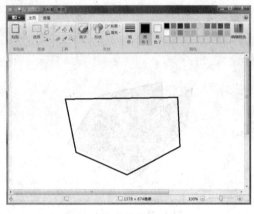

（a）填充前 （b）填充后

图 1-34 用颜料桶填充颜色

温馨提示

被填充的图形应该是完全封闭的，如果某处有一个小缺口，填充的结果会"流淌"到整个画纸，填充前后的效果如图 1-35 所示。出现这种情况可以选择"编辑"→"撤销"命令，取消当前的操作，把图形封闭后再进行填充。

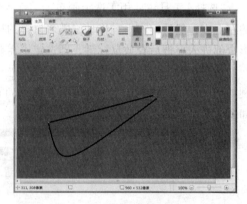

（a）两线段间有缺口 （b）填充的结果

图 1-35 颜料被填充到整个画纸上

4．使用工具绘制葵花

先绘制标志的上半部分，即葵花图形。

（1）新建画布。选择"文件"按钮→"新建"命令。

（2）弹出图 1-36 所示的对话框，单击"否"按钮，即不

图 1-36 保存对话框

保存原来的画图文件。

（3）选择边框粗细。选定"直线"工具，在样式框中选取第2种线型，如图1-37（a）所示。

（4）将"边框"和"填充"均选择为纯色，如图1-37（b）所示。

（5）选取边框和内部颜色。单击颜料盒中黑色块，选前景色为黑色；右击颜料盒中橙色块，选背景色为橙色（即内部填充颜色），如图1-37（c）所示。

  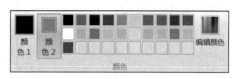

（a）线段样式　　　（b）矩形样式　　　　　　（c）设置颜色

图1-37　样式和颜色设置

（6）画两个圆。按住【Shift】键，同时在画布上拖动鼠标，画出一个大圆。用同样的方法在右侧再拖动鼠标，画出一个小圆，如图1-38所示。

（7）选定大圆。单击"选定"工具，并选定"透明处理"样式。设置背景色为白色（画布的颜色），把鼠标指针移到大圆左上角，然后向右下方拖动鼠标，当选定框全部覆盖住大圆后释放鼠标左键，画布如图1-39所示。

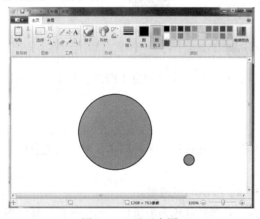 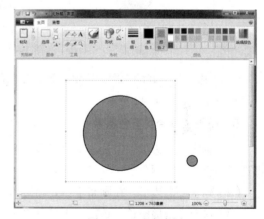

图1-38　画两个圆　　　　　　　　　　图1-39　选定大圆

（8）复制大圆。选择"编辑"→"复制"命令。

（9）粘贴大圆。再选择"编辑"→"粘贴"命令，画布左上角又出现一个被选定的圆，如图1-40（a）所示。

（10）移动被粘贴的图形。把鼠标指针移到被粘贴的图形上，当鼠标指针为十字形状时向右拖动图形到右侧位置后在空白处单击，结果如图1-40（b）所示。

注意，拖动图形到新位置后，如果虚框还存在，表示图形仍"浮"在画布上面，还可以继续拖动它，只有在虚框外单击，虚框消失，才被真正粘贴到画布上。

（11）复制和粘贴小圆。用"选定"工具选定小圆，按住【Ctrl】键，然后把鼠标指针移到小圆上拖动，随着鼠标移动，另一个小圆随着鼠标指针移动，将小圆移到大圆上，并使小圆圆心在大圆的边缘上，如图1-41（a）所示。

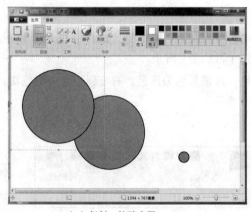

（a）复制、粘贴大圆　　　　　　　　　　　　　　　　　（b）移动大圆

图 1-40　复制、粘贴和移动大圆

（12）继续复制和粘贴小圆。继续按住【Ctrl】键不放，逐个拖动小圆排列在大圆上，如图 1-41
（b）所示。

（13）继续步骤（12）的操作，直至小圆把大圆边缘全部覆盖住，图 1-41（c）所示。

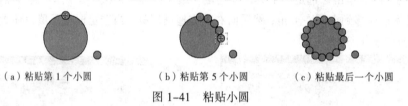

（a）粘贴第 1 个小圆　　　　　　（b）粘贴第 5 个小圆　　　　　　（c）粘贴最后一个小圆

图 1-41　粘贴小圆

（14）移动复制好的大圆。选定右侧被复制的大圆，然后将它拖动到有小圆的大圆上，使小圆
只显示一半，如图 1-42 所示。

5．使用工具绘制蓝色飘带

（1）选定"多边形"工具。单击"多边形"工具图标，并选择第 1 种样式。单击黑色色块，
即选择黑色为边框颜色。

（2）画空心多边形。在画布空白处画出图 1-43（a）所示的多边形。

（3）填充多边形颜色。选定"用颜色填充"工具，并选择蓝色为前景色。把鼠标指针移到多
边形内部（这时鼠标指针变成"颜料桶"形状）并单击，把多边形内部填充为蓝色，如图 1-43
（b）所示。

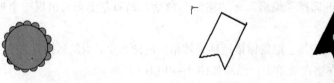

　　　　　　　　　　　　　　　　　　　　　（a）空心多边形　　　（b）填充颜色

图 1-42　覆盖部分小圆　　　　　　　图 1-43　制作多边形

（4）复制多边形。选择"选定"工具，选定刚画出的多边形。按住【Ctrl】键的同时拖动鼠
标，在画出的多边形旁边再复制出一个相同的多边形。

（5）水平翻转多边形。选定新的多边形，选择"图像"→"翻转/旋转"命令，弹出图 1-44 所示的子菜单。选择"水平翻转"命令，图像如图 1-45（a）所示。

（6）移动多边形。选定左边的多边形，并拖动到右边的多边形上面，如图 1-45（b）所示。

图 1-44　"翻转和旋转"对话框

（a）分开的对称多边形图形　　　（b）重叠的多边形图形

图 1-45　水平翻转和拖动图像

6．完成标志的绘制

（1）用"选定"工具选定"葵花"图案，并将它拖动到"领带"上面。

（2）用"选定"工具选定画布上多余的小圆以及其他无用的图形，选择"编辑"→"清除选定内容"命令，将其删除。

（3）用"选定"工具选定制作好的标志图形，将其拖动到画布的左上角。

（4）改变画布大小。将鼠标指针移到画布的右下角，当指针变为形状时，拖动鼠标，可以看到画布的下边缘和右边缘随指针而移动，当画布恰好容纳标志图形时释放鼠标，如图 1-46 所示。

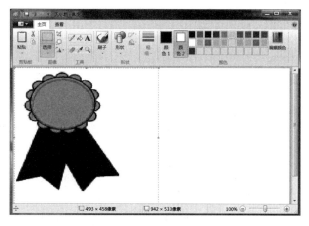

图 1-46　改变画布大小

练一练

　　按上面操作步骤，自己动手完成绘制"葵花领带"标志。

7．保存绘制好的图画

一幅图画画好以后，需要把它保存起来。保存文件的方法是：

（1）单击"文件"按钮，弹出菜单如图 1-47 所示。

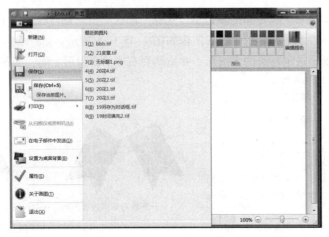

图 1-47　"文件"菜单

（2）选择"菜单中的"保存"命令，弹出"保存为"对话框。

（3）在"保存为"对话框的"文件名"文本框中输入一个文件名字，例如"kuihua"，如图 1-48 所示。

图 1-48　输入文件名

（4）单击对话框右下角的"保存"按钮，画好的图就以"kuihua"为文件名被存在默认的文件夹中。

（5）单击"画图"窗口右上角的"关闭"按钮，即可退出"画图"程序。

 练一练

将自己绘制好的标志保存在默认的文件夹中，文件名可以自己选定。

【任务 1.4】制作节日贺卡

人人都有慈爱的父母，有亲密的同学，有尊敬的老师。让我们来为他们的生日（节日）制作节日贺卡吧！

不同的贺卡应该有不同的内容，但既然是节日一定是喜庆的，因此色彩一般是热烈的。制作贺卡也可以借用其他已画好的一些素材，例如灯笼、蛋糕、人物、图案等。下面以图 1-49 所示的春节贺卡为例，学习制作方法。

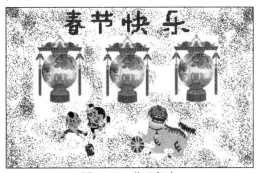

图 1-49　节日贺卡

动手实践

1. 设置画布大小并保存

（1）启动"画图"程序后，单击"画图"按钮，在打开的菜单中选择"属性"命令，弹出"映像属性"对话框，如图 1-50 所示。

（2）在"属性"对话框的"宽度"文本框中输入一个宽度值，例如"420"；在"高度"文本框中输入一个数值，例如"260"，单击"确定"按钮。

（3）选择"文件"→"保存"命令，在"保存为"对话框的"文件名"组合框中输入文件名"chunjieheka"，把设置好的画布暂存起来。

2. 复制已有的素材

在计算机的"图片收藏"文件夹中有一个"图案集"的文件，上面有很多各种各样的图形，从中截取一些符合我们需要的贺卡图案。

（1）选择"文件"→"打开"命令，弹出图 1-51 所示的"打开"对话框。

图 1-50　"映像属性"对话框

图 1-51　"打开"对话框

（2）单击其中的"图案集"文件，再单击右下角的"打开"按钮（参见图1-51），打开图1-52（a）所示的图案集。

（3）如果窗口中没有全部显示图案，可以单击"画图"窗口右上角的"最大化"按钮，使图案集全部被显示，如图1-52（b）所示。

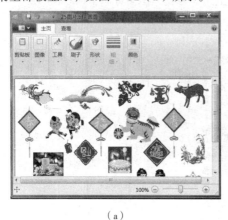 

（a）　　　　　　　　　　　　　　　　（b）

图1-52　图案集

小技巧

　　也可以把鼠标指针移到窗口右下角，当指针变为 形状时，向右下方拖动鼠标，当画纸被全部显示后释放鼠标。

（4）单击"选择"工具，在右下角"灯笼"图案的周围拖动出选择框，如图1-53（a）所示。

（5）选择剪贴功能区中的"复制"命令，复制被选定的"灯笼"图案，如图1-53（b）所示。

（a）选定灯笼图案　　　　　　　　　　（b）复制灯笼图案

图1-53　选定和复制灯笼图案

知识窗——快捷键

　　"剪切""复制"和"粘贴"3个命令的快捷键分别为【Ctrl+X】【Ctrl+C】和【Ctrl+V】。上面第（5）步操作，就可以用【Ctrl+C】组合键进行复制，可达到同样的效果。

3．把复制的图案粘贴到贺卡上

（1）选择"文件"→"打开"命令，在"打开"对话框中，选定前面保存的文件"chunjieheka"，再单击"打开"按钮，打开文件。

（2）单击剪贴功能区中的"粘贴"按钮（或按【Ctrl+V】组合键）被复制的"灯笼"出现在画布左上角，然后拖动到合适位置后，在空白处单击，固定住"灯笼"图案。

> **知识窗**——剪贴板
>
> 　　前面的复制和粘贴操作是在两个文件（画纸）间进行的，这是利用了 Windows 操作系统提供的"剪贴板"工具。即进行复制操作后，图形被复制到计算机的"剪贴板"中，打开"画图"程序，文件转换为新的画纸后，"剪贴板"中的内容仍然存在，执行"粘贴"操作时，就把"剪贴板"中的图形粘贴到新的画纸上。

（3）重复执行两次步骤（2），并把粘贴的"灯笼"图案按图 1-49 所示拖动到合适的位置。执行"文件"→"保存"命令，将新制作好的贺卡半成品保存起来。

4．复制不规则图形——放鞭炮和狮子

（1）选择"文件"→"打开"命令，打开"图案集"图形。

（2）单击"图像"→"选择"→"自由图形选择"命令，选定"任意形状的裁剪"工具，如图 1-54 所示。

（3）把鼠标指针移到"放鞭炮"图案周围，拖动鼠标，随鼠标指针的移动出现一条曲线，当曲线把该图案包围住后释放鼠标。

（4）按【Ctrl+C】组合键，把裁剪的图形复制到剪贴板。

（5）打开前面保存的贺卡文件，按【Ctrl+V】组合键，把复制的图案粘贴到图纸上，然后拖动图案到灯笼的下面，如图 1-55 所示。

图 1-54　裁剪放鞭炮

（6）用上面类似的方法，把"图案集"中的"狮子"图案也粘贴到贺卡上，如图 1-56 所示。

图 1-55　粘贴"放鞭炮"图案

图 1-56　粘贴"狮子"图案

5．用"刷子"工具写字

（1）单击功能区中的"刷子"工具，单击"刷子"下拉按钮，展开图 1-57 所示的刷子样

式框。

（2）在样式框中选择一种刷子效果，如蜡笔。选择红色为前景色，即作为刷子的颜色。

（3）把鼠标指针移到画布上，指针变为刷子形状，拖动鼠标，画出"春节快乐"4个字，如图1–58所示。

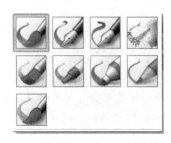

图1–57　刷子的形状

图1–58　用刷子写字

（4）选择刷子效果中的喷枪效果，然后选择一种颜色作为喷枪的颜色。

（5）把鼠标指针移到画布上，指针变为 形状，单击或拖动鼠标，即可在画布上画出喷涂的效果，如图1–59所示。

图1–59　喷涂背景

（6）选择"文件"→"保存"命令，输入文件名，例如"heka"，保存画好的贺卡。

练一练

　　仿照上面步骤，再制作一个春节贺卡，并保存。

归纳总结

本节主要学习了以下的内容：

（1）启动"画图"应用程序。

（2）熟悉"画图"程序的窗口、功能区、颜色的设置。

（3）画图中工具的使用。

（4）图像的复制、粘贴、移动。

（5）标志的制作和图像的保存。

（6）初识键盘，用键盘输入文字。

拓展知识

下面介绍"画图"程序的其他功能。

1. "颜色选取器"工具

单击功能区中的图标✐，即选定"颜色选取器"工具。"颜色选取器"工具可以把画布上已画的图形中某种颜色选定为前景色或背景色，方法为：把鼠标指针移到要选取的颜色上（这时鼠标指针变为取色工具形状），单击即把该色选定为前景色，右击则把该色选定为背景色。

2. "放大镜"工具

单击功能区中的图标🔍，即选定"放大镜"工具。把放大镜形状的鼠标指针移到画布上单击，画布上的图形就被放大。注意，单击后，被选定的工具自动转换为"橡皮"工具。

如果再次选定"放大镜"工具，然后在画布上单击，图形恢复为原来大小。

3. "铅笔"工具

单击功能区中的图标✎，即选定"铅笔"工具，工作区中鼠标指针变成铅笔的形状，把指针移动到画布上并拖动，即可画出各种形状的线来，但线的粗细不能改变。

4. "文字"工具

单击功能区中的图标 **A**，即选定"文字"工具。把鼠标指针移到画布上并向右下角拖动鼠标，画布上同时出现一个虚线框（文字显示区域），在虚线框中的左上角有一条闪动的竖线（光标），在框中可以输入数字和文字。

在拖出文字显示区域的同时，屏幕上会出现一个浮动的"字体"工具栏，如图 1-60 所示。通过"字体"工具栏可以调整输入文字的字体、大小等。

5. "曲线"工具

（1）单击功能区形状下拉箭头，打开形状选择窗口。单击图标〰，即选定"曲线"工具。

（2）把鼠标指针移到工作区中要画曲线的起点，拖动鼠标（这时屏幕上会出现一条起点固定，终点随鼠标指针移动的直线段），到达终点后释放鼠标左键，屏幕上就会出现一条直线段。

（3）把鼠标指针移动到直线段上要弯曲的部位，拖动鼠标，直线变成曲线，曲线的弯曲程度随鼠标拖动而变化，到达合适程度后释放鼠标左键。

（4）再把鼠标指针移动到直线段上另一个要弯曲的部位，拖动鼠标，到达合适程度释放鼠标左键，这时曲线就会出现第二个弯曲点。

注意，使用"曲线"工具画曲线时，一定要改变两次曲线的弯曲程度，如果改变一次弯曲程度后立即选择其他工具，曲线就会消失。如果只需要一个弯曲点，应在拖出第一个弯曲后，再在空白处单击。

6. "矩形"工具和"圆角矩形"工具

单击形状选择窗口中的图标▢，就选定了"矩形"工具，利用它可以画出矩形。
单击形状选择窗口中的图标▢，就选定了"圆角矩形"工具，利用它可以画出圆角矩形。
"矩形"工具和"圆角矩形"工具的使用方法与"椭圆"工具类似，参见前面的叙述。

7. 使用"帮助"

单击标签栏右侧的图标 ，即打开"画图"程序的帮助窗口，如图 1-61 所示。其使用方法与"纸牌"游戏的帮助相同。

图 1-60 "字体"工具栏   图 1-61 "画图"程序的帮助窗口

自主练习

（1）请说出图 1-62 所示标志的含义。

图 1-62 常见标志

（2）参考图 1-63 所示的一些标志，设计制作一个假设的公司或产品标志。

图 1-63 公司标志

（3）用"画图"程序设计制作一个节日贺卡，送给亲朋好友。

1.3　操作键盘与录入文字

【任务1.5】撰写公司简介

公司简介主要应介绍公司的业务、规模和国际（国内）知名度等。请录入下面一个公司简介的示范文本，了解公司简介的内容和撰写方法。

公 司 简 介

　　××服装发展有限公司坐落于著名侨乡"中国休闲服装名城"——××，由中国香港××（集团）公司投资创建于 1991 年。是一家以女装为主导、时尚服装系列为配套，集设计、开发、生产、销售于一体的服饰公司。经过多年潜心经营，被誉为——中国女装专家。2004 年，"中国名牌"和"国家免检产品"荣誉称号的获得，使××品牌插上了腾飞的双翅，迈入中国顶级品牌的行列。××产品覆盖了国内近 30 个省、自治区、直辖市，设立了数百家××品牌专卖店、店中店、商场专柜及多家分公司、代理机构；产品远销欧美、中东及我国港澳台地区。

　　公司现有员工 1 000 多人，具有世界先进工艺的生产流水线 48 条，年生产能力 530 万件(套)；同时××公司为国内外几大著名女装品牌设计、开发、加工产品。公司以专业的队伍、严谨的管理、超卓的设备，着力打造××品牌女装及其时尚系列品牌服装。作为女装专家，尽显曲线魅力、激情奔放、彰显非凡、锐意革新、进取不息的精神，形成了××幻变灵动的设计语言。兼容并蓄、博采众长的虚怀纳百川之风范，将西方之媚与东方之柔完美合璧，形成了××超凡脱俗的个性与风格。美丽的缔造者与传播者——××，恒久不辍的打造着时尚东方的女性服饰新文化。

　　××公司于 2000 年通过了 ISO9001 国际标准质量体系认证，并荣获福建省著名商标称号。2004 年公司再获殊荣，被评为"中国名牌"产品称号，在打造女性服饰文化的同时，××公司坚持用企业文化提升企业核心竞争力，使企业在发展中树立起良好的社会形象。"行远必自迩、追求无止境"。"××"将一如既往的奋进不息，为建树美丽的事业奉献光热，为锻造中国时尚女装的产业丰碑而永远向前。

　　经营范围　企业行业：纺织品、服装业（服饰、鞋类、家纺用品、皮具……）

　　　　　　所在地区：××区，××街　　　注册资金：1 000 万元～5 000 万元

　　　　　　企业性质：私营企业　　　　　成立日期：1991-09-27　员工人数：500～1 000 人

任务分析

要录入一个文稿，首先选择可用的应用软件，Windows 附带的"笔记本""写字板"和 Office 办公系统中的 Word 软件等，都可以用来撰写文稿。这里以"写字板"为例来完成。启动应用软件后，就要利用键盘输入字母数字和符号，选择一种汉字输入法来输入汉字。

动手实践

1. 打开写字板

（1）单击"开始"按钮，选择"开始"→"所有程序"→"附件"命令，打开菜单，如图 1-64 所示。

（2）单击"写字板"命令，即打开"写字板"应用程序窗口，如图 1-65 所示。

图 1-64　"开始"菜单　　　　　　　　　图 1-65　"写字板"窗口

知识窗——"写字板"窗口—————————————————————

　　"写字板"窗口主要由标题栏、菜单按钮、功能区、工作区和状态栏组成。

　　在工作区有一个"|"形标志，这是"插入光标"，简称"光标"，它指示当前输入文字的位置。

2.认识键盘

目前计算机录入文字的主要工具是键盘。

1）键盘及其分区

计算机的键盘有各种形式，图 1-66 所示是常见的一种。这类键盘主要由主键盘区、功能键区、光标控制键区、小键盘区和指示灯区几部分组成。

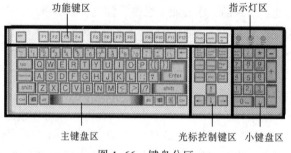

图 1-66　键盘分区

2）主键盘

主键盘区集中了键盘上最常用的键，包括英文字母键、数字键、特殊符号键、控制键和【Enter】键等。

（1）字母、数字键。字母、数字键位于键盘第 2 行～第 5 行的中间部分，包括 26 个英文字母键和 1、2、3、4、5、6、7、8、9、0 数字键。按一下字母键或数字键，便输入了该字符，屏幕上显示相应的字符。

温馨提示

　　如果按住一个字母或数字键不放，屏幕上将连续显示该字符，所以在输入字符时按键时间要短，避免重复录入字符。

练一练

　　请输入数字"1234567890"和 26 个英文字母。

（2）空格键。空格键又称【Space】键，是位于主键盘下方中部长条形的键。按一下空格键，输入一个空格字符，屏幕上光标向右移动一个字符的位置。

练一练

　　重新输入"1234567890"和 26 个英文字母，且每输入一个字符后，按一次空格键。

（3）回车键。回车键即键盘上的【Enter】键。按一下【Enter】键可以完成光标的换行工作。如果使用键盘向计算机发布命令，一般按【Enter】键后，命令才能被执行。

练一练

　　连续按几下【Enter】键，观察"写字板"工作区中光标的变化。

（4）退格键。退格键又称【Backspace】键，位于主键盘的右上角，上面标有"←"和英文单词 Backspace（有些键盘上只有"←"标记）。按一下退格键可以删除光标左边的那个字符，且光标左移一个字符的位置。

练一练

　　输入"1234567890"后按一下退格键，看一看是不是少了字符 0。接着试删除刚输入的 1～9 这 9 个数字。

（5）大写字母锁定键。大写字母锁定键也称【Caps Lock】键，位于键盘第 4 行的左端，这个键用于将字母键锁定在大写或小写状态。按一下此键，观察键盘右上角指示灯区中"Caps Lock"灯的显示状态，如果灯亮，表示目前键盘处于大写字母输入状态，按字母键输入的是大写英文字母；如果灯灭，表示键盘处于小写字母输入状态，按字母键输入的是小写英文字母。

练一练

　　（1）按一下大写字母锁定键，观察键盘上 Caps Lock 灯的变化，然后输入 26 个英文字母。再按一下【Caps Lock】键，观察键盘上 Caps Lock 灯的变化，再将 26 个英文字母输入一遍，比较两次的输入结果。

　　（2）输入英文句子：I am a student。

（6）换挡键。换挡键即是【Shift】键，位于键盘第 5 行。该键一般与其他键配合使用。主键盘有些键的键面上标有两个字符，直接按这些键中的一个时，输入的是该键面所标下面的字符。按住【Shift】键的同时，再按某个键则输入该键面所标的上面的字符。

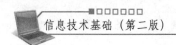

另外，利用【Shift】键还可以改变输入字母的大小写。当键盘锁定在大写方式时，如果按住【Shift】键，再按字母键则输入小写字母；反之，键盘锁定在小写方式时，如果按住【Shift】键，再按字母键则输入大写字母。

练一练

请输入符号"!""?""%""#"和"*"。

3）小键盘区

该键盘区在键盘右侧，它的多数键具有数字键和光标控制键的双重功能。在小键盘区的左上角有一个标有"Num Lock"的键，是用于完成数字/光标控制转换功能的键。按一下【Num Lock】键，如果键盘右上角标有"Num Lock"灯亮，表示小键盘处于数字输入状态，可以用小键盘输入数字；再按一下【Num Lock】键，键盘右上角的"Num Lock"灯灭，则小键盘区中的键用于光标移动控制，此时无法使用小键盘输入数字。

4）功能键区

功能键是指键盘第一行中的标有【Esc】和【F1】～【F12】等字符的键。不同的软件中，这几个功能键的作用是不相同的。

5）光标控制键区

在该区一共有 10 个键，这里只介绍它们的常用功能，在一些软件中它们可能有其他作用。

（1）【↑】、【↓】、【←】、【→】键（方向键）：用于上、下、左、右移动光标位置。

（2）【Page Up】（PgUp）【Page Down】（PgDn）键：用于光标前后移动一"页"。

（3）【Home】【End】键：用于将光标移到一行的行首或行尾。

（4）【Insert】（Ins）键（插入键）：该键实际上是一个"插入"和"改写"的开关型键。当开关设置为"插入"状态时，输入的字符都插入在当前光标处；如果开关设置为"改写"状态，且当前光标处有字符，则此时输入的字符将覆盖当前光标处的字符。

（5）【Delete】（Del）键（删除键）：用来删除当前光标后面的字符。

3. 键盘指法

1）正确的坐姿

击键时上身要坐直，手腕要放平，手指自然弯曲，左右手的拇指放在空格键上，其他 8 个手指分别放在【A】【S】【D】【F】【J】【K】【L】【;】8 个键上（称为 8 个基本键），如图 1-67 所示。

2）键盘指法

计算机的键盘是从打字机的键盘演变过来的，字母键与数字键的排列位置与打字机一样，不是按 26 个字母的顺序排列的。为了能够很快找到键位，掌握正确的指法，可以沿字母键【T】【G】【B】键的右侧画一条线，把键盘分成两个部分，如图 1-68 所示。

按图 1-68 所示进行操作，就很容易掌握正确的指法。实际是每一个手指负责一列键位，两手的食指各负责两列键位，两只手的大拇指负责敲击空格键。手指在每一次击键后都应回到基本键位，以便下一次的击键。击键时要快速轻击。在熟练掌握键位和指法后，再输入字符时就可以不看键盘。

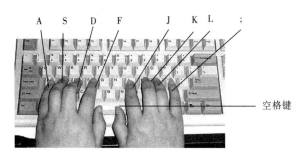

图 1-67　基本键位

图 1-68　键盘指法图

练一练

在"写字板"窗口中输入下面的英文对话。输入时请注意坐姿和指法。

Dialogue 1:

A: How do you usually come to school ?

B: I usually come by bus. What about you ?

A: Oh, I usually come by bus too.

温馨提示

（1）在输入上面两段"英文对话"时，每输入一行文字，按一次【Enter】键（按【Enter】键表示一自然段结束）。

（2）当输错时，可以使用退格键（【Backspace】键）和删除键（【Delete】/【Del】键）删除输错的字符，再输入正确的内容。

4．输入汉字

Windows 7（中文版）一般默认的键盘输入法是英文输入法，但也可以输入汉字和中文标点符号。

1）选择输入方式

在输入汉字之前，要先选择使用的汉字输入方法。在 Windows 7 环境中，系统提供了微软拼音输入法 2010 等输入方法。使用时根据需要选择合适的输入方法。

选择输入法的方法是，单击任务栏右侧的语言栏标志█，屏幕出现图 1-69 所示的输入法选择菜单，然后单击要选择的输入法（例如"微软拼音新体验 2010"）。选择输入法后，在█标志的位置上会变成被选择的输入法图标，同时屏幕上显示输入法工具栏。图 1-70 所示为微软拼音新体验 2010"工具栏。

✓	中文(简体) - 美式键盘
M	微软拼音 - 新体验 2010
M	微软拼音 - 简捷 2010
S	中文(简体) - 搜狗五笔输入法

图 1-69　输入法选择菜单

图 1-70　输入法工具栏

选好输入法后，就可以输入汉字了。Windows 7 中规定，输入汉字时，键盘应处于小写字母输入状态。下面以微软拼音新体验 2010 为例，介绍输入汉字的方法。

练一练

> 打开"写字板"窗口，并选择"微软拼音新体验2010"输入法。

2）输入单个汉字

以输入"公司简介"为例，操作步骤如下：

（1）确认键盘处于小写字母输入状态。

（2）单击输入法图标，选择"微软拼音新体验2010"。

（3）从键盘逐个输入"公"字的汉语拼音字母g、o、n、g（汉语拼音中的字母**g**用英语字母g输入）。

（4）"公"字的拼音输入完毕后，屏幕上就会出现图1-71所示的同音字选择框。选择框里一次最多显示9个同音字，在同音字选择框中找到所需的汉字，用数字键输入它前面的编号（例如"公"字编号2），这个字就会显示在"写字板"窗口中光标所在的位置。此时字体为蓝色并有下画线，按空格键后，字体变为黑色。

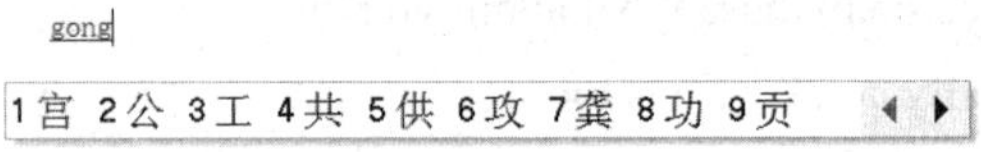

gong

1宫 2公 3工 4共 5供 6攻 7龚 8功 9贡 ◄ ►

图1-71　输入汉字"公"

注意，如果输入正确的拼音，按空格键后，同音字选择框中没有出现所需的汉字（例如输入"介"字），就可以按键盘上的【=】键向后翻页，显示下一页同音字，如果多翻页了，可以按【-】键向前翻页。例如输入"校"字，输入拼音"xiao"后，按空格键，出现同音字提示框后按3次【=】键，再输入2即可。

练一练

> 用上面的方法输入汉字"公司简介"。

3）输入韵母为ü的汉字

输入汉字拼音字母ü键，输入时用英文字母【v】键代替。例如输入"女装"中的"女"字，应输入英文n、v，连续按两下空格键，"女"字就输入到写字板中。

温馨提示

> （1）如果输入拼音时，出现错误，按退格键即可删除输入提示框中光标前的一个字母。
>
> （2）如果所选汉字在同音字选择框中编号为1，可以直接按空格键，不必输入数字1。例如前面的"女"字。
>
> （3）如果同音字只有一个字，输完拼音后按空格键，不出现同音字选择框，该字被直接显示在输入提示条中，再按一下空格键，即可完成这个字的输入。例如"能"字。

4）输入词组

一个个输入汉字速度太慢，将一些常用的词用词组方法输入，可以有效提高速度。我们以"服装发展有限公司"为例，学习如何输入词组。

（1）在"微软拼音新体验2010""状态下，连续输入"服装"两字的汉语拼音字母"fuzhuang"

（中间不要加空格）。

（2）按空格键，表示词组的拼音字母输入完成。屏幕出现图1-72所示的同音词组选择框。

fuzhuang

1服装 2复壮 3覆 4服 5福 6富 7付 8附　◀ ▶

图1-72　输入汉字"服装"

（3）按空格键，词组"服装"输入完成。

练一练

　　　　输入词组：发展、有限、公司。

5）输入中文标点

中文里有一些标点符号与英文不同。要输入中文标点符号，必须使输入法位于中文标点符号输入状态。输入法状态栏的一排功能按钮中左起第四个按钮是控制中文标点符号输入状态的。此按钮上显示的是空心的句号和逗号时，表明是中文标点输入状态；如果此按钮显示为实心的句号和逗号时，则表明此时是英文标点符号输入状态。

练一练

　　　　（1）设置中文标点符号输入状态，将键盘上所有的标点符号键输入到"写字板"中（必要时配合使用【Shift】键），并将表1-1填好。

表1-1　中文标点与键位对照表

中文标点	键　位	中文标点	键　位	中文标点	键　位	中文标点	键　位
。		《 〈		' '		￥	
，		〉 》		、		—	
：		——		！			
""		……					

　　　　（2）输入句子："服装发展有限公司坐落于著名侨乡 '中国休闲服装名城' "。

6）中英文字符混合输入

单击输入法工具栏中的按钮，变成，此时可以用键盘直接输入英文字符；当再单击这个按钮，标志变回原样，可以输入中文。

练一练

　　　　把任务1.5中的公司简介录入到写字板中并以"公司简介"为文件名保存。

归纳总结

本节主要学习了以下内容：

（1）键盘的主要结构和分区。

（2）键盘指法。

（3）汉字输入的基本方法。

拓展知识

1．全角字符与半角字符

输入法工具栏中的  按钮是全半角切换按钮，单击这个按钮，半月形标志会变成满月标志。这个按钮上显示半月形标志时，表示键盘处于半角字符输入状态。在这种状态下，用键盘输入的字母、数字以及除了汉语标点以外的符号，在屏幕上占半个汉字的位置，因而称这类字符为半角字符。这个按钮上显示满月形标志时，表示处于全角字符输入状态。在这种状态下，用键盘输入的字母、数字和其他符号，在屏幕上都占一个汉字的位置，因而称这类字符为全角字符。

除了大小不同以外，某些全角字符的形状也与相应的半角字符有较大的差异。例如，在半角字符输入状态下，按住【Shift】键再按数字【4】键，屏幕上会显示出$号；在全角字符输入状态下，按住【Shift】键再按数字【4】键，屏幕上显示的则是￥。

2．软键盘按钮

单击输入法工具栏中的软键盘 按钮，可以打开软键盘。利用软键盘按钮，可以输入一些特殊符号。具体方法如下：

（1）右击软键盘按钮 ，屏幕上会打开一个快捷菜单，如图1-73所示。

（2）单击菜单中的类别，屏幕右下角会出现一个软键盘。例如，单击菜单中的"标点符号"后，屏幕右下角会出现图1-74所示的软键盘。

图1-73 软键盘菜单　　　　　　　图1-74 "标点符号"软键盘

（3）在软键盘中找到要输入的符号并单击，即可完成输入操作。例如，要输入"【"，就可单击软键盘中标有字母C和"【"的按钮。

（4）输入完成后，单击图1-74软键盘右上角的 ，即可关闭软键盘。

自主练习

1．在"写字板"程序中练习键盘输入操作

（1）1234567890。

（2）abcdefghijklmnopqrstuvwxyz　ABCDEFGHIJKLMNOPQRSTUVWXYZ。

（3）～！@＃＄％^＆＊（）_ - + = [ ] { } \ | : ; ” ’ ＜＞,.？/。

2．在"写字板"中输入以下词组

雪山	大海	蓝天	白云	太阳	月亮	草地	海洋	草原
马路	汽车	电灯	百货	商店	轮船	飞机	跑步	电话
学校	工厂	机关	课程	插座	加法	阴谋	赶紧	实验
医院	集合	计划	打击	理论	戏曲	皮球	警察	汉字
今天	命题	条例	讨论	体积	相等	问题	教训	变化
实现	分析	电视台	计算机	大自然				

3．录入下面的公司简介

（1）××建筑装饰工程有限公司。

　　××建筑装饰工程有限公司是上海市一家专业从事住宅、别墅、商务休闲、门面房、成品精装修、艺术工件、大型酒店装修等，集生产、设计、装修为一体的一家实力雄厚的正规公司。本公司拥有一批稳定的高素质的施工队伍和资深设计师，为您创造一个和谐安定的住宅和办公点。我们将以最热情的服务，最规范的施工来服务客户，脚踏实地做好产品。

　　公司宗旨——通过资源的整合、集成、优化、为顾客提供高品质的"一站式"家居装饰系统解决方案；同时，把公司建设成为一个良好的平台，为员工提供一个"没有天花板"的发展空间。

　　企业经营理念——追求和谐、规范运作、精细管理、创新发展。

　　企业服务理念——我爱人人，服务人人。

　　企业文化——诚信为本，追求第一。

（2）××青年旅行社股份有限公司。

公 司 简 介

　　××旅行社股份有限公司成立于 1984 年，是经国家旅游局批准，隶属于北京市旅游局和北京市××联合会的国际旅行社，是国内实力雄厚的旅行社之一。

　　通过十几年的奋斗，××旅行社股份有限公司已发展成为经营出境旅游、入境旅游、国内旅游、旅游车队、出租汽车、房地产、餐饮、咨询服务、广告及文化娱乐等多行业为一体的跨地区的综合性旅游企业集团。

　　××旅行社股份有限公司拥有一大批熟悉旅游业务，受过专门培训的各级管理人员，并有曾荣获过全国先进导游员称号的多种语言的翻译导游队伍。

　　××旅行社股份有限公司以讲信誉、高效率、周到的服务为宗旨，进一步拓展国际、国内旅游市场，热情接待各国来华的团体旅游，国内外会议、散客旅游，文化、体育交流，以及小包价、委托代订客房、代订机车票等旅游相关业务。

　　××旅行社股份有限公司愿与世界各地的旅游界、工商界、社会团体组织进行多方面合作，愿为五洲四海的游客提供优质的服务。

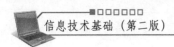
1.4 管理计算机资源

文件和文件管理是计算机中信息资源管理的基础，本节将通过建立个人管理文件夹树来学习通过文件对信息资源进行管理的知识。

【任务 1.6】建立自己的文件夹树

建立个人文件夹和子文件夹，用于存储自己的文件和作品，以及制作电子报刊和演示文稿等所需的多媒体素材。

任务分析

根据需要来组织文档和程序。在 Windows 操作系统中，应先建立一个存储自己文件的文件夹，例如"1601 李明"，其中"1601"是班级代码，后面是自己的名字。在自己的文件夹下再建立分类管理的文件夹，是组织文档和程序较好的方法。对于文件和文件夹的管理，例如要建立存储自己建立的文件和多媒体素材的文件夹，根据素材的种类，可以建立图 1-75 所示的文件夹树。

图 1-75 "1601 李明"文件夹树

知识窗——文件、文件夹和路径————————

1. 文件

信息在计算机中是以文件的形式存储在磁盘上的。例如我们把在"记事本"中写好的一篇文章或在"画图"程序中画好的一幅画保存到磁盘上，就称为磁盘上的一个"文件"（File）。文件存储的信息可以是文字、图形、图像、声音，等等。我们给每个文件起个"文件名"来区分不同的文件，文件名一般分为"基本名"和"扩展名"两部分，中间要用"."分开。

例如，文件名"abc.bmp"中，abc 是基本名，bmp 是扩展名。扩展名一般表示文件的类型，如 bmp 表示这个文件是位图型的图像文件。

下面是常见的文件类型：

- bat: 批处理文件。
- com: 命令文件。
- exe: 可执行文件。

以上 3 种文件，在"资源管理器"中，双击文件名，就可以执行相应的程序。

- txt: 文本文件。可以在"记事本""写字板""Word"等应用程序中编写和打开。
- doc: Word 文档文件。
- wps: WPS 文档文件。
- bmp: 位图文件。
- sys: 系统文件，可以在"记事本""写字板""Word"等应用程序中编写和打开。
- wav: 音频文件，用于存储音乐、歌曲等资料，可以用"录音机""Microsoft Media Player"等媒体播放器打开。

- avi：视频文件。用于存储视频资料，也可以用"Microsoft Media Player"等媒体播放器打开。

2．文件夹

由于磁盘或光盘上可以保存很多文件，为了分门别类地管理文件，Windows 允许人们把磁盘划分出若干个存储区，这些存储区称为"文件夹"或"文件目录"（Directory），为了区别不同的文件夹（文件目录），给它们起个名字，称为"文件夹名"或"目录名"。在资源管理器中，有图标标志的就是文件夹，后面的文字就是"文件夹名"。资源管理器左窗格中的大部分都是文件夹。

在一个文件夹中可以再划分出若干个存储区，起个适当的名字。我们把它们称为前一个文件夹的子文件夹或子目录。还可以在子文件夹里再建立若干个子文件夹……这就形成了文件夹的"树状结构"，我们把它称为"文件夹树"或"目录树"。

我们可以把整个磁盘或光盘看做一个大文件夹，称为"根文件夹"或"根目录"，根文件夹下的第一层子文件夹称为"一级子文件夹"，一级子文件夹下的文件夹称为"二级子文件夹"……

根文件夹没有名字，用"\"表示。"C:\"表示 C 盘的根文件夹或根目录。

3．路径

路径（Path）用来描述文件或文件夹在磁盘上的存储位置，例如，在图 1-75 中，我们把子文件夹"视频"的路径描述为：

D:\1601 李明\多媒体素材\视频

在描述路径时，各级子文件夹名之间要用"\"号隔开。

 **动手实践**

1．Windows 7 的资源管理窗口

打开 Windows 7 的资源管理窗口有以下两种方法：

（1）单击"开始"按钮，在打开的菜单中选择"计算机"命令。

（2）双击 Windows 7 桌面上的"计算机"图标。

打开的 Windows 窗口如图 1-76 或图 1-77 所示。

图 1-76　无预览窗格的窗口

图 1-77　有预览窗格的窗口

Windows 窗口主要由标题栏、工具栏、显示区、树形文件夹、文件内容预览窗格和状态栏组成。图 1-76 和图 1-77 显示了"窗口两种不同的形式，其中图 1-77 右侧多了一个文件预览窗格，可以

显示所选文件内容。只要单击工具栏右侧的  按钮，就可以在这两种窗口之间进行转换。

2．建立自己的文件夹

1）选定磁盘

一台计算机上一般有一个硬盘和一个光盘驱动器，也可能多安装几块硬盘。实际生活中为了便于保存不同的文件，每块硬盘还划分为多个分区。因此在建立自己的文件夹时，要选择一个合适的位置。一般 C 盘是保存系统文件的地方，所以作为用户，一般把自己的文件放在 D 盘或 E 盘较合适。例如放在 D 盘，操作方法如下：

（1）在左侧窗格中单击"D"，选定 D 盘为建立保存素材的磁盘。

（2）选定了左窗格中的磁盘或某个文件夹，则在窗口中就显示出该磁盘或文件夹中的所有子文件夹名和文件名。

知识窗—窗口内容显示方式

窗口的文件显示栏可以有多种显示方式。在窗口中右击，在弹出的快捷菜单中选择"查看"命令，打开该菜单，如图 1-78 所示，菜单中部列出了"超大图标""大图标""中等图标""小图标""列表""详细信息""平铺"和"内容"8 种显示方式，选项前面有"."符号的表示当前选择的显示方式。单击其中一个选项，即可显示相应的显示方式。

图 1-78 文件窗格显示形式

2）新建文件夹

选择"文件"→"新建"→"文件夹"命令，在窗品中出现名为"新建文件夹"的新文件夹，默认的文件名蓝底白字显示（简称为反白显示）。在文件名栏输入新文件夹名，例如"1601 李明"。

3）新建子文件夹

双击窗口中的"1601 李明"，然后选择"文件"→"新建"→"文件夹"命令，输入新文件夹名"表格文件"。重复上面的操作，建立文件夹"文本文件""多媒体素材"，如图 1-79 所示。

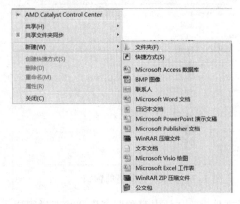

（a）新建文件夹菜单

（b）新建的文件夹

图 1-79 新建文件夹

练一练

按图 1-75 所示"1601 李明"文件夹树中显示的文件夹树，建立自己的文件夹。

【任务 1.7】查找文件和文件夹

查找并移动计算机中有关"标志"的文章和图片。

任务分析

Windows 7 提供了方便地查找文件和文件夹的"搜索"功能。利用这个功能能快速在海量的文件中查找需要的文件和文件夹。

动手实践

（1）单击"开始"按钮，弹出的菜单下方出现"搜索"栏（或在 Windows 窗口地址栏右侧的"搜索"栏，如图 1-80（a）所示。）中，输入需要搜索的关键字，例如 QQ。计算机开始搜索，如图 1-80（b）所示。

（2）搜索完成后，在右窗格显示所有找到的文件或文件夹所在路径，如图 1-88（c）所示。双击其中一项，即可打开相应的文件或文件夹。

（a）"搜索"栏　　　　（b）输入文件名　　　　（c）显示更多结果

图 1-80　搜索文件或文件夹

小技巧

如果不知道文件名但知道其包含的特殊的词或短语，在"包含文字"中输入词或短语。如果想指定开始搜索的位置，单击"浏览"按钮，确定查找位置，再单击"开始查找"按钮。

【任务 1.8】删除文件和文件夹

删除个人文件夹中不需要的文件和文件夹。

任务分析

如果保存在磁盘里的文件或文件夹中的所有内容都不再使用，应该把它们从磁盘中删除。

动手实践

（1）打开要求删除的文件或文件夹所在的上级目录，选定要删除的文件或文件夹。

（2）按【Del】键，弹出"确认文件删除"对话框。

（3）确实要删除文件或文件夹，单击"是"按钮，否则单击"否"按钮。

如果是在 U 盘上做删除操作，文件或文件夹及文件夹中的全部内容就会从 U 盘上直接删掉；如果删除的文件或文件夹是硬盘上的，被删除的文件或文件夹以及文件夹中的全部内容就会被保存在"回收站"中，需要时还可以恢复。

小技巧

如果删除硬盘上的文件或文件夹时，一次就想删除干净，而不想让文件或文件夹保存到"回收站"，在删除选定的文件或文件夹时，先按住【Shift】键，再按【Delete】键即可。

【任务 1.9】保护文件和文件夹

保护自己放在计算机中重要的文件和文件夹。

任务分析

保护文件和文件夹有多种方法，常用的有备份、压缩并加密。

1. 备份

较小的文档，可以直接采用"复制""粘贴"的方法，备份到其他的位置；较大的或较多的文件的备份，则可以应用专门的备份软件。通常，数据备份的位置是可移动磁盘、其他计算机或者其他的存储媒体，如光盘、磁带等。

知识窗 —备份

计算机数据的主要内部存储载体是硬盘，计算机系统的正常运行依赖于完整而稳定的数据系统，而硬盘是很敏感的存储部件，许多不正常的工作方式（诸如震动、病毒感染等）都可能对硬盘造成损害。虽然，所有的硬盘厂商都致力于改善这些方面的防护性能，但基于当前的技术水平，还没有一个万无一失的方案。目前，最可靠的方法就是数据备份。所有重要的数据都要及时、定期地进行备份以免造成损失。

2．只读和隐藏

保护文件和文件夹的方法之一是设置文件和文件夹的属性为只读和隐藏。如果设置了文件的只读属性，则一般用户只能阅读而不能修改。设置了文件和文件夹的隐藏属性，则只有特殊的用户才能查阅到。

操作步骤如下：

（1）选中要设置的文件或文件夹。

（2）右击该项，在弹出的快捷菜单中选择"属性"命令，弹出属性对话框，如图1-81所示。

（3）在"常规"选项卡最下面的"属性"区域中选中"只读"复选框，或选中"隐藏"复选框，单击"确定"按钮即可。

3．加密

图1-81 属性对话框

保护文件和数据的另一个重要的方法就是添加密码，可以设置文件夹的类型，也可以为文件设置密码，还可以使用压缩软件制作密码文件。目前专门的密码保护软件也很多。

（1）选定一个或多个重要的文件，右击，在弹出的快捷菜单中选择"添加到压缩文件"命令，如图1-82所示。

 小说明

在使用WinRAR（或WinZip）等压缩软件时，软件应事先已经被安装在计算机上。

（2）在弹出的"压缩文件名和参数"对话框中，设置压缩文件名，并单击"浏览"按钮，在弹出的对话框中设置压缩文件的存储位置，如图1-83所示。

图1-82 选择"添加到压缩文件"命令

图1-83 "压缩文件名和参数"对话框

（3）单击"设置密码"按钮，弹出"输入密码"对话框，在相应文本框中输入密码，并再次输入密码加以确认，如图1-84所示。

（4）单击"确定"按钮后，返回上一级界面。选择"备份"选项卡，选中"只添加具有'存档'属性的文件"复选框，如图1-85所示。

（5）单击"确定"按钮，则选定文件开始压缩。需要打开时，双击压缩文件，则自动启动WinRAR，要求输入密码，完成解压缩。

图1-84 "输入密码"对话框

图1-85 备份压缩

归纳总结

本节主要学习了以下内容：
（1）浏览计算机软件资源。
（2）新建文件夹树。
（3）利用搜索功能查找文件和文件夹。
（4）保护文件和文件夹。

拓展知识

1．浏览计算机资源

由于在每个磁盘中有多个分支，每个分支下还可以有多个子分支，要浏览某个分支下的内容，就应该展开这个分支，不需要浏览时还可以折叠这个分支。

1）展开一个分支

在左窗格中，有些资源图标的左侧有一个▷标志，这说明它们还有下一层分支，单击这个标志，即可展开下一层分支结构。

例如在图1-86中，单击"本地磁盘(D:)"这个文件夹左边的▷图标，即显示出它的子文件夹。

2）折叠一个分支

展开后左边的标志是◢，说明这一层分支结构已经被展开了，单击这个标志，可以折叠这一层分支结构。

图1-86 展开和折叠分支

2．利用"通配符"查找文件或文件夹

如果只记得要查找的文件类型，或文件及文件夹中的几个字符，查找文件或文件夹时可以使用"*"或"?"这两个通配符。

通配符"*"可以代表多个字符。例如要查找以.bmp为扩展名的所有文件，可以在窗格的文本框里输入"*.bmp"，又如要查找的文件或文件夹是以"a"开头的，可以在文本框中输入"a*"或"a*.*"。

通配符"?"可以代表1个字符。例如要查找文件名中第一个字母不同、后面3个字母都是"001"的"bmp"文件，可以输入"?001.bmp"。

自主练习

选择一个制作多媒体软件的主题（如我的学校、我的家庭、我的家乡等），设计并建立该主题有关资源的文件夹树，把与主题相关的文件资料分类放到相应的文件夹中，并为其中重要的文件进行加密（Encryption）、备份（Backup）。

1.5　计算机安全设置

【任务1.10】维护计算机信息系统安全

通过设置身份认证和存取权限、屏蔽恶意网站、阻止Cookie处理等手段，提升计算机信息系统的安全性能。

任务分析

《中华人民共和国计算机信息系统安全保护条例》对于计算机实体安全、计算机硬件安全、计算机软件安全、计算机网络安全、数据库的安全、防止电磁辐射等方面都有明确的要求。因此，维护计算机信息系统安全，已经不仅仅是个人的事情，而是遵守法规，为他人负责的行为，对个人计算机的信息系统进行安全维护，可以从设置口令、设置访问权限、屏蔽恶意网站等几方面进行。

动手实践

1．添加用户

（1）在"开始"菜单中选择"控制面板"命令，打开"控制面板"窗口。

（2）单击"用户账户"选项，打开"用户账户"窗口，在"用户账户"窗口中"管理其他账户"，打开图1-87所示的窗口，可以看到用户列表中显示了本机已有的用户，其中shuzi是系统管理员，Guest是普通来访者。

（3）单击"创建一个新账户"超链接，"用户账户"窗口变为图1-88所示的窗口，在"为新账户输入一个名称"文本框中输入用户自己设计的名字，例如"liming"，输入完成后，选择用户权限，如标准用户。单击"创建用户"按钮。

（4）单击"创建用户"按钮后，返回原先窗口，但用户中已增加了名为"liming"的用户，如图1-89所示。

图 1-87　用户账户

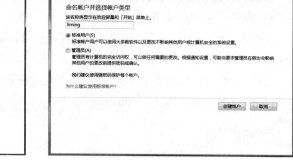

图 1-88　添加新用户

2. 设置密码

（1）单击"用户账户"窗口中标有"liming"的图标，窗口变为图 1-90 所示的窗口。

图 1-89　创建完成

图 1-90　更改账户设置

（2）单击"创建密码"超链接，显示图 1-91 所示的窗口。

图 1-91　创建密码

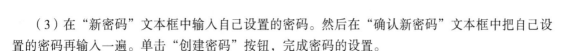

（3）在"新密码"文本框中输入自己设置的密码。然后在"确认新密码"文本框中把自己设置的密码再输入一遍。单击"创建密码"按钮，完成密码的设置。

账户和密码设置完成后，在今后启动计算机过程中，计算机就会显示要求选择账户和输入密码。密码输入正确，才能进入 Windows 7 桌面。

知识窗——计算机信息系统安全法规——

1994 年 2 月 18 日，《中华人民共和国计算机信息系统安全保护条例》公布并执行，这是我国计算机安全领域第一个全国性的行政法规，是我国政府的重大决策。该条例中对计算机信息系统安全的规定可以概括为以下几方面内容：

（1）计算机实体安全：对计算机本身及其环境、设施和人员等采取安全措施，使它不致受自然或人为因素的危害。

（2）计算机硬件安全：对中央处理机、主存储器、输入/输出设备和外围设备等进行保护，保护存储的信息不受破坏。

（3）计算机软件安全：对计算机的系统程序和应用程序进行保护，保护计算机处理信息不被非法复制、滥用及修改。

（4）计算机网络安全：对计算机在存储、处理和传输操作过程进行保护，保护计算机信息系统的信息在传输过程中不受到威胁。

（5）数据库的安全：保护数据库数据的准确性，并防止非法泄漏，保护数据完整性和安全性。

（6）防止电磁辐射：防止和抑制计算机及其附属电子设备在工作时通过地线、电源线、信号线、寄生电磁信号或谐波等产生的电磁泄露。

归纳总结

本节主要学习了以下内容：
（1）维护计算机信息系统安全重要性。
（2）计算机信息系统安全法规。
（3）计算机信息系统安全保护的基本方法。

拓展知识

随着计算机应用的日益普及，计算机犯罪也日益猖獗，对社会造成的危害也越来越严重。在这样的背景下，我国 1997 年通过的新《刑法》，首次对计算机犯罪做了规定。那么计算机犯罪是指哪些行为呢？国际上有代表性的定义有以下几种：

（1）美国司法部《刑事犯罪对策指南》把计算机犯罪定义为：在导致成功起诉的非法行为中，计算机技术和知识起了基本作用的行为。

（2）欧洲经济合作发展组织认为，在自动数据处理过程中，任何非法的、违反职业道德的、未经批准的行为都是计算机犯罪行为。

（3）我国一些专家的提法是：以计算机为工具或以计算机资产为对象所实施的犯罪行为。例如通过计算机和网络实施金融诈骗；利用计算机专业技术实施计算机软件盗窃犯罪；编写、传播病毒破坏计算机系统等。

因此，我国制定了一系列的法律法规，从立法上保障信息系统安全。《中华人民共和国计算机信息系统安全保护条例》中还专门列出了一章法律责任，其中部分内容如下：

第四章　法律责任

第二十条 违反本条例的规定，有下列行为之一的，由公安机关处以警告或者停机整顿：

（一）违反计算机信息系统安全等级保护制度，危害计算机信息系统安全的；

（二）违反计算机信息系统国际联网备案制度的；

（三）不按照规定时间报告计算机信息系统中发生的案件的；

（四）接到公安机关要求改进安全状况的通知后，在限期内拒不改进的；

（五）有危害计算机信息系统安全的其他行为的。

第二十一条 计算机机房不符合国家标准和国家其他有关规定的，或者在计算机机房附近施工危害计算机信息系统安全的，由公安机关会同有关单位进行处理。

第二十二条 运输、携带、邮寄计算机信息媒体进出境，不如实向海关申报的，由海关依照《中华人民共和国海关法》和本条例以及其他有关法律、法规的规定处理。

第二十三条 故意输入计算机病毒以及其他有害数据危害计算机信息系统安全的，或者未经许可出售计算机信息系统安全专用产品的，由公安机关处以警告或者对个人处以 5 000 元以下的罚款、对单位处以 15 000 元以下的罚款；　有违法所得的，除予以没收外，可以处以违法所得 1 至 3 倍的罚款。

第二十四条 违反本条例的规定，构成违反治安管理行为的，依照《中华人民共和国治安管理处罚条例》的有关规定处罚；构成犯罪的，依法追究刑事责任。

第二十五条 任何组织或者个人违反本条例的规定，给国家、集体或者他人财产造成损失的，应当依法承担民事责任。

第二十六条 当事人对公安机关依照本条例所作出的具体行政行为不服的，可以依法申请行政复议或者提起行政诉讼。

第二十七条 执行本条例的国家公务员利用职权，索取、收受贿赂或者有其他违法。失职行为，构成犯罪的，依法追究刑事责任；尚不构成犯罪的，给予行政处分。

自主练习

（1）在计算机上创建自己的账户，并设置密码，提升计算机信息系统的安全性能。

（2）查一查按照《刑法》中的规定，编写计算机病毒程序，破坏他人计算机系统的行为，应承担怎样的法律责任？

（3）尝试结合本章的学习收获，与同学一起撰写一份"遵守网络法规，争做文明网民"倡议书。

第 ② 章

网络基础应用

网络已步入我们的日常生活、工作中，可以利用它查找资料、发送电子邮件、传递信息、交流思想等。本章将学习如何接入网络，并在网络上进行基本操作。

学习目标

- 了解如何接入因特网。
- 学会访问网页、查看资料。
- 学会保存网页及其中的文字和图片。
- 学会利用搜索引擎搜集信息。
- 学会利用电子邮箱与人交流。
- 学会利用网络云盘存储资料。

学习内容

章　节	主要知识点		任　务
2.1　上网搜集资料	1. 因特网及其接入方式 3. 用 IE 浏览器访问网页	2. 设置 ADSL 连接 4. 保存网页和网址	2.1　搜集资料，预防流感
2.2　使用搜索引擎搜集信息	1. "搜索引擎"概念 3. 用多个关键词搜索	2. 搜索引擎搜索网页 4. 保存网页中文本和图片	2.2　筑梦中国，搜集信息
2.3　收发电子邮件	1. 申请免费的邮箱 3. 添加邮件地址到地址簿	2. 收发电子邮件 4. 用分组进行邮件群发	2.3　千里之外，"鸿雁"传书
2.4　利用因特网进行信息交流	1. "云盘"的概念 3. 云盘的使用	2. 申请个人云盘空间	2.4　随时随地，资料在手

2.1　上网搜集资料

【任务2.1】搜集资料，预防流感

都说春暖花开好时节，其实这"乍暖还寒时分，最难将息"，尤其冬春交替时正是病毒性传染病的高峰期。在健康课上，老师要求同学们搜集日常生活中预防春季流感的好办法，并整理打印后上交。

任务分析

要想搜集到关于预防春季流感的好办法，利用因特网是最快捷的方式。而使用因特网，首先要连接到因特网上，然后打开相应的网页，查找相关的内容。

动手实践

1．与因特网的连接

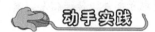 **知识窗** ——什么是因特网——

（1）互联网：多个计算机网络相互连接起来就是互联网。

（2）国际互联网（Internet）：开放的、由众多网络互连而成的计算机网络。

（3）因特网（Internet）：是全球最大的国际互联网。因特网由美国的ARPA网发展演化而成。

要将自己的计算机连接到互联网上的方法有很多，这里以ADSL方式接入因特网。

1）申请ADSL

要使用ADSL方式接入因特网，首先要开通ADSL服务。可以通过电话、网络或直接到本地的电信营业厅进行申请，填写申请单，得到确认后，安装人员会上门安装并对计算机进行相应设置。

2）设置连接

（1）选择"控制面板"中的"网络和Internet"选项中的"网络和共享中心"选项，打开"网络和共享中心"窗口，如图2-1所示。

图2-1　"网络和共享中心"窗口

（2）单击"设置新的网络连接"超链接，弹出"设置连接或网络"对话框，如图2-2所示。

（3）直接单击"下一步"按钮。

（4）然后单击"宽带（PPPoE）"按钮，如图 2-3 所示。

图 2-2　"设置连接或网络"对话框

图 2-3　选择网络连接类型

（5）在弹出的对话框中设置用户名和密码，输入从网络服务供应商处获得的用户名和密码，如图 2-4 所示。

（6）单击"连接"按钮，弹出正在测试连接的对话框，如图 2-5 所示。

图 2-4　设置用户名和密码

图 2-5　验证连接

（7）验证用户名和密码后，设置完成，如图 2-6 所示。

图 2-6　设置完成

（8）若要立刻上网，则单击"立即浏览 Internet"按钮，否则单击"关闭"按钮。

温馨提示

如果忘记账户名和密码，可与宽带接入商询问。

3）连接到因特网

（1）单击屏幕右下角任务栏上的计算机连接的小图标，弹出图 2-7 所示的列表框。

（2）单击"连接"按钮，弹出"连接 宽带连接"对话框，输入宽带连接密码，如图 2-8 所示，单击"连接"按钮即可。

图 2-7　宽带连接列表框　　　　图 2-8　"连接 宽带连接"对话框

2．使用 IE 浏览器访问已知网址

有很多综合性的网站可以搜索到需要的信息，搜狐网是其中之一，是我国最大的综合性的门户网站，包括很多频道，可以在健康频道找到想要的内容，搜狐网首页的网址为 http://www.sohu.com。具体操作如下：

（1）单击任务栏上的"开始"按钮，在"开始"菜单中选择"Internet Explorer"命令，打开 IE 浏览器。

（2）在地址栏内输入搜狐网首页地址 http://www.sohu.com，如图 2-9 所示，并按【Enter】键，打开搜狐网首页，如图 2-10 所示。

图 2-9　浏览器的地址栏

图 2-10　搜狐网首页

3．浏览相关资料

（1）在搜狐网首页上部的导航栏中（见图 2-10）单击"健康"超链接，打开"健康频道"页

面，如图 2-11 所示。

（2）在"健康频道"页面中"疾病搜索"栏中输入"流感"，单击右侧的搜索按钮，打开关于流感信息的页面，如图 2-12 所示。

图 2-11　"健康频道"页面

图 2-12　"疾病专题"页面

（3）单击页面相关链接，可进入相关内容的页面，如图 2-13 所示。

图 2-13　"【一图读懂】流感"页面

4．保存资料

当需要保存浏览的页面时，可以将浏览的网页存储为网页文件或文本文件。具体操作如下：

（1）选择 IE 浏览器窗口中的"文件"→"另存为"命令，弹出"保存网页"对话框。

（2）在"保存在"下拉列表框中确定网页要保存的路径。

（3）在"文件名"文本框中输入文件名或使用默认的文件名。

（4）在"保存类型"下拉列表框中确定文件要保存的类型，如图 2-14 所示。注意，这里有几种保存类型，选择不同的类型，生成的文件类型就不同，根据需要选择相应类型。

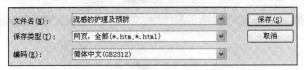

图 2-14　选择"保存网页"类型

知识窗──保存网页类型──

保存网页时，注意看清楚"保存类型"下拉列表框中的选择项：

①"网页，全部"，这样保存的网页会在网页保存路径下同时生成一个与网页文件文件名相同的.file 文件夹，用以保存网页上的图片之类的元素。

②"Web 档案，单一文件"和"网页，仅 HTML"这两种类型反映在本机的使用中效果差不多，不会生成*.file 这样的文件夹，但只要连通了网络，网页上的所有元素仍然可以显示，只要原网站没有进行这些元素路径或文件名的改动。

③"文本文件"，就是生成 txt 文件，保存后再打开这个 txt 文件，上面只有文字，没有图片等元素。如果保存的内容只限纯文本的话，最好选择文本文件类型。

如果要对保存的文件内容进行图文编辑排版，最好的方法是选择需要的部分复制，打开字处理软件（如 Word）后进行粘贴。这样更方便编辑。

5．保存网址

如果资料搜索工作还没有做完，或者下次还要浏览"流感-流行性感冒-搜狐健康"页面，可以把"流感-流行性感冒-搜狐健康"页面的网址保存在 IE 浏览器的收藏夹内，在需要时可以很快地打开网站。具体操作如下：

（1）在 IE 浏览器窗口中，打开"流感-流行性感冒-搜狐健康"页面后，选择"收藏"→"添加收藏"命令，弹出"添加收藏"对话框，如图 2-15 所示。

（2）在"名称"文本框中输入网页名称，默认名称为该页面的标题。

（3）在"创建位置"列表中选择创建位置，默认保存在"收藏夹"中。

（4）单击"新建文件夹"按钮，新建一个文件夹"流感"。打开"链接"文件夹，单击"新建文件夹"按钮，弹出"创建文件夹"对话框，在"文件夹名"文本框中输入"流感"，如图 2-16 所示。单击"确定"按钮，即可在"链接"文件夹内创建名为"流感"的新文件夹。

（5）在名称框中输入"网页名称"，默认名称为该页面标题。

图 2-15　"添加收藏"对话框

图 2-16　"创建文件夹"对话框

（6）单击"创建"按钮，保存成功。

（7）选择"收藏"→"链接"命令时，就会在"链接"子菜单中看到"流感"这个文件夹。打开"流感"文件夹，就可以看到"流感的保护及预防"，双击即可打开该页面。

归纳总结

本节学习了以下内容：

（1）因特网以及因特网的一种接入方式 ADSL。

（2）设置 ADSL 连接。

（3）使用 IE 浏览器访问已知网页。

（4）利用超链接查看相关资料。

（5）保存网页。

（6）利用 IE 浏览器的收藏夹保存网址。

自主练习

（1）已知网址 http://www.5ixuexiwang.com，访问"我爱学习网"。

（2）找到自己感兴趣的介绍计算机知识的页面。

（3）将此页面的网址添加到 IE 浏览器的收藏夹中。

2.2　使用搜索引擎搜集信息

【任务 2.2】筑梦中国，搜集信息

通过因特网了解"中国梦"的相关资料，查看相应图片及文字资料。

任务分析

因特网上的信息像汪洋上的一个个小岛，面对这些浩瀚无边的信息，人们已经显得无所适从了。要想在这信息的海洋中准确找到所需要的信息是一件不容易的事情，为了克服这样的困难，人们创建了搜索引擎，它为人们绘制了一幅一目了然的信息地图，供使用者随时查阅。现在我们就通过搜索引擎查找与"中国梦"相关的资料。

动手实践

1. 使用关键词找寻不同的资料

知识窗 — 搜索引擎的基本用法

搜索引擎站点中都提供一个可以输入关键词的文本输入框和一个"搜索"按钮，用户可以在输入框中输入关键词，然后单击"搜索"按钮，搜索引擎就会自动地在其内部的数据库中进行检索，最后把与关键词相符合的或者是与关键词相近的网页显示在结果页中，用户通过搜索引擎提供的链接地址即可访问到相关信息。

搜引擎的类型有多种，其中著名的中文搜索引擎有百度（Baidu）中文搜索引擎、新浪搜索引擎、雅虎中国搜索引擎、搜狐搜索引擎、网易搜索引擎等。这里是利用"百度中文搜索引擎"搜索"中国梦"相关的资料。

1）查询"中国梦"的有关资料

（1）打开 IE 浏览器，在地址栏中输入 http://www.baidu.com 并按【Enter】键，打开"百度中文搜索引擎"，如图 2-17 所示。

图 2-17 "百度"页面

（2）在搜索框中输入"中国梦"，单击"百度一下"按钮，或者直接按【Enter】键，浏览器中即可得到符合查询需求的网页目录和内容摘要，如图 2-18 所示。

小说明

① 搜索结果标题。单击标题，可以直接打开该结果网页。

② 搜索结果摘要。通过摘要，可以判断这个结果是否满足需要。

③ 百度快照。"快照"是该网页在百度的备份，如果原网页打不开或者打开速度慢，可以查看"快照"浏览页面内容。

④ 相关搜索。"相关搜索"是和其他有相似需求的用户的搜索方式，按搜索热门度排序。如果搜索结果效果不佳，可以参考这些相关搜索。

图 2-18　搜索"中国梦"

（3）在搜索页面中，选择适合的标题并单击，打开相应的结果页面。

2）查询"中国梦 我的梦"相关内容

知识窗——使用多个关键词搜索

　　使用多个关键词可以进行更精确的搜索。大多数情况下，使用两个关键词搜索已经足够，关键词与关键词之间要以空格隔开。比如，想了解北京旅游方面的信息，就输入"北京 旅游"，这样才能获取与北京旅游相关的信息。

（1）在百度搜索框中输入关键词"中国梦 我的梦"，按【Enter】键或单击"百度一下"按钮，浏览器窗口显示如图 2-19 所示。

（2）单击合适的标题，查看"中国梦 我的梦"的具体内容。

图 2-19　搜索"中国梦 我的梦"页面

3）查看与"中国梦 我的梦"相关的所有图片

（1）单击百度首页右侧上方"更多产品"，展示按钮区，单击"图片"超链接（见图2-20），打开百度图片搜索引擎，如图2-21所示。

图 2-20　单击"图片"超链接

图 2-21　　"百度图片"搜索页面

（2）在搜索框中输入"中国梦 我的梦"，按【Enter】键或单击"百度一下"按钮，即开始搜索所有与"中国梦 我的梦"相关的图片。搜索结果如图2-22所示。

图 2-22　　"中国梦 我的梦"相关图片搜索结果页面

（3）在搜索结果页面中，单击合适的图片，可将图片放大观看。

2．分类保存不同资料

1）找到相关信息

（1）在 IE 浏览器的地址栏中输入 www.baidu.com 并按【Enter】键，打开百度搜索引擎，在搜索栏中输入"中国梦"并按【Enter】键，显示有关"中国梦"的相关内容如图 2-23 所示。

图 2-23 "中国梦"相关内容

（2）单击"中国梦"百度百科链接，可显示有关"中国梦"的文字介绍和图片，如图 2-24 所示。

图 2-24 "中国梦"介绍页面

2）保存文本

（1）选定页面中的文本信息，如图 2-25 所示。

（2）选择 IE 浏览器中的"编辑"→"复制"命令。

（3）打开"记事本"窗口，选择"编辑"→"粘贴"命令，将刚才复制到剪贴板中的文本信息粘贴到"记事本"中，如图 2-26 所示。

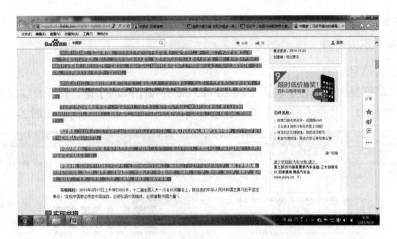

图 2-25　选定页面中的文本

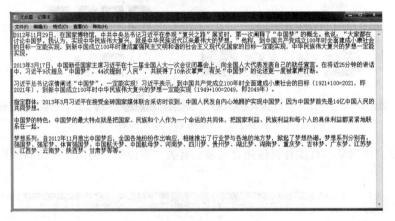

图 2-26　"记事本"窗口

（4）选择记事本的"文件"→"保存"命令，弹出"另存为"对话框，在"保存在"下拉列表中选择要保存的位置，输入文件名，单击"保存"按钮。

温馨提示

　　　　如果要保存页面中的所有文本信息，可以选择 IE 浏览器中的"文件"→"另存为"命令，在"保存网页"对话框中设置保存类型为"文本文件（*.txt）"，单击"保存"按钮，即可对页面中的所有文本信息进行保存。

3）保存图片

　　在 IE 浏览器中，将鼠标指针指向要保存的图像，图像工具栏将出现在图像的左上角。单击其中的"保存"按钮，在弹出的"保存图片"对话框中设置保存路径和文件名，然后单击"保存"按钮即可。

　　如果要保存页面中的所有图像，可以选择 IE 浏览器中的"文件"→"另存为"命令，在"保存网页"对话框中设置保存类型为"网页，全部（*.htm,*.html）"，并进行保存，这样在网页保存路径下同时生成一个与网页文件文件名相同的.file 文件夹，用以保存网页上的图片等元素。

温馨提示

　　图像工具栏不会出现在所有图像上。至少 200×200 像素的图像才能使用图像工具栏。

　　要保存较小的图像，右击图像上的任何位置，在弹出的快捷菜单中选择"另存为"命令。

　　保存图片时，除非指定别的位置，否则图像会保存在"图片收藏"文件夹中。

　　要打开"图片收藏"文件夹，可以单击 按钮。

归纳总结

本节学习了以下内容：

（1）"搜索引擎"的概念及工作原理。

（2）利用"百度搜索引擎"搜索网页。

（3）使用多个关键词进行搜索。

（4）保存网页中的文本和图片。

拓展知识

　　现在网页视频非常普遍，如果要保存某个视频，依视频类型的不同而有不同的保存方法。但有一个通用方法：

　　（1）在 IE 浏览器中选择"工具"→"Internet 选项"命令，在弹出的对话框中单击"浏览历史记录"栏目中的"删除"按钮，在弹出的对话框中单击"删除"按钮。目的是为了方便查找下面要保存的视频文件。

　　（2）在 IE 浏览器中打开视频所在的页面，等视频加载完毕。

　　（3）再次选择"工具"→"Internet 选项"命令，单击"浏览历史记录"栏目中的"设置"按钮，在弹出的设置对话框中单击"查看文件"按钮。

　　（4）在打开的"Temporary Internet Files"窗口中，可以看到很多文件，一般视频文件比较大，所以按照文件大小排序，很容易找到刚才浏览过的视频文件，这时只需把此文件复制到自己的目录下即可。

自主练习

　　（1）在因特网上搜索关于"国家体育场"的介绍信息，并保存相关信息和图片。

　　（2）在因特网上搜索与自己专业相关的就业与政策资料并保存。

2.3　收发电子邮件

【任务 2.3】千里之外，"鸿雁"传书

　　陈小明同学的网络操作技能一天比一天长进，他通过因特网已经初步完成了本组的研究性学习报告。但是，有几个问题还想和指导教师交流一下。另外报告的初稿需要让老师过目，同时还要给同组的其他同学看。平常总找不到单独的机会和指导老师探讨这些问题，指导老师给同学们

留了一个 E-mail 地址。陈小明该如何利用这个 E-mail 地址和老师进行交流呢？

首先应了解电子邮件的基本知识；然后学习如何在网站上申请免费邮箱，如何收发邮件，如何将同学和老师的邮件地址保存到地址簿并利用地址簿来实现邮件的群发。

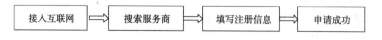

1. 申请一个属于自己的邮箱

提供免费邮件服务的服务商有很多，本任务中以新浪免费邮箱为例，说明邮箱的申请与使用过程。

知识窗——电子邮件和申请电子邮箱——

1）什么是电子邮件

E-mail 是通过因特网发送的电子媒体信件，也称电子邮件，是在因特网上被广泛使用的服务之一。无论在国内还是在国外，发出的 E-mail 一般会在几秒钟之内到达收信人的电子邮箱。发出的信息不仅可以是文本，还可以附件的形式发送图片、声音、动画、视频、软件等。用户可以在任何时间和地点用因特网收发 E-mail，突破了时间和空间上的限制。

2）申请电子邮箱的操作流程

接入互联网 ➡️ 搜索服务商 ➡️ 填写注册信息 ➡️ 申请成功

（1）将计算机连入互联网。双击桌面的 IE 浏览器快捷图标，打开 IE 浏览器。

（2）在 IE 浏览器的地址栏中输入 http://mail.sina.com.cn 并按【Enter】键，进入新浪邮箱页面，如图 2-27 所示。

图 2-27　新浪邮箱页面

（3）单击"注册免费邮箱"超链接，进入图 2-28 所示的界面，输入选定的用户名，如"xiaomingchen9901"。

图 2-28　"注册免费邮箱"页面

— 电子邮箱地址

电子邮箱地址的形式为"用户名@域名"。

用户名可以由 a～z 的 26 个小写英文字母、0～9 的数字和下画线组成，长度在 4～16 个字符之间，不能单独使用数字作为用户名。

温馨提示

在申请邮箱的界面中会有"查看邮箱名是否可用"按钮，单击该按钮，可以查看设定的用户名是否被别人注册过，若没有被别人注册过，则显示"邮箱名可用"，说明设定的用户名可以使用。

（4）单击"下一步"按钮，进入图 2-29 所示的"注册信息填写"界面。在"密码"文本框中输入密码，并在"确认密码"文本框中再输入一次。

图 2-29　"注册信息填写"界面

（5）在验证码中按要求输入提示的验证信息，单击"确定"按钮，完成邮箱注册，进入邮箱界面，如图 2-30 所示。

图 2-30　进入邮箱

密码可使用任何英文字母及阿拉伯数字组合，长度为 6～16 个字符，并区分英文字母大小写。

温馨提示

　　从安全使用的角度讲，所有密码在设置时应避免使用如身份证号、生日、家庭门牌号等安全等级较低的信息。同时，要注意定期更换密码。

小说明

　　当设定好密码后，系统会自动对所设置的密码的安全级别进行评估，通过图 2-29 右侧的安全等级条可看出所设密码的安全程度。

（6）收件夹中会显示有一封未读邮件，这是邮件系统自动生成的邮件，单击收件夹中的邮件，打开邮件，如图 2-31 所示。

图 2-31　系统自动生成的新邮件

完成了邮箱的申请过程后，即可使用邮箱收发邮件。

练一练

（1）上网搜索，找到表 2-1 中各免费邮箱申请的网址。

表 2-1　邮 箱 地 址

服 务 商	免费邮箱申请的地址
网易免费邮箱	
雅虎免费邮箱	
126 免费邮箱	
TOM 免费邮箱	

（2）申请一个免费邮箱，并完成一些个人设置。

2．发送一个邮箱申请成功的邮件

邮箱申请成功后，给老师发送一个邮件，包括自己的邮箱地址以及搜集的学习资料。

（1）登录自己的邮箱，单击"写信"按钮，在"收件人"文本框中输入老师的电子邮件地址和邮件的主题。

注意： 如果发送时未加入主题，则对方收到的信件主题即显示为"No Subject"。

（2）单击"添加附件"超链接，弹出"选择要上传的文件"对话框，如图 2-32 所示。

图 2-32　"选择要上传的文件"对话框

（3）找到桌面上的"光盘的规格.doc"文件，单击"打开"按钮把此文件添加到附件中。

（4）重复步骤（3），把另一篇文章"系统备份与恢复完全解决方案.doc"也加到附件中。单击"发送"按钮，完成邮件的发送。

小说明

作为附件的文件类型不限，每次最多可以发送 16 个文件，新浪邮箱单封邮件的最大容量为 50 MB。

3．接收邮件

（1）打开自己的邮箱，看到几封新发过来的邮件，如图 2-33 所示。

图 2-33　收件夹

（2）单击要打开的邮件的主题，将邮件打开，如图 2-34 所示。

图 2-34　邮件内容

（3）单击要下载的附件，弹出图 2-35 所示的提示框。

图 2-35　下载对话框

（4）单击"保存"按钮，弹出图 2-36 所示的"另存为"对话框，选择保存位置为"收到的邮件"文件夹中。

（5）单击"保存"按钮，开始下载附件。

（6）若单击图 2-34 中的"查毒并下载"超链接，则弹出杀毒提示框。

（7）查毒结束后，弹出图 2-37 所示的"杀毒并下载附件"提示框，单击"点击下载"超链接即可进行步骤（3）～（6）的操作，完成附件的下载。

如果检测到附件中含有病毒，则系统会给出警告，且会删除带毒的附件。

图 2-36　"另存为"对话框　　　　　　　图 2-37　杀毒结束

温馨提示

　　附件查毒功能只针对通过 Web 方式登录邮箱的用户进行附件下载前的病毒检查，如果使用邮件客户端软件进行邮件的收发，就要选择相应的单机反病毒软件。

4．保存邮箱地址

1）添加联系人

（1）单击邮箱页面上方的"通讯录"标签，进入通讯录页面，如图 2-38 所示。

图 2-38　"通讯录"页面

　　（2）单击"添加联系人"按钮，打开图 2-39 所示的新建联系人页面，新建联系人必须将标有*号的信息填写完整。

　　（3）单击"保存"按钮即可成功添加联系人。

 小说明

　　在查看信件时，在正文页面右上方单击"添加到通讯录"按钮，即可直接添加该来信人的地址到通讯录中。

2）分组

（1）单击"邮箱通讯录"后面的"+"按钮，进入图 2-40 所示的添加组页面。

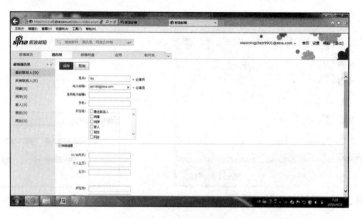

图 2-39　新建联系人

图 2-40　添加组

（2）输入组名后单击"保存"按钮，选中成员列表中好友的名称，选择"添加到"按钮，将所选成员添加到好友组中。如图 2-41 所示。

3）群发信息

（1）单击"写邮件"页面右侧窗口中"好友"组名右侧的"添加本组到收件人"按钮，将所选地址添加到"收件人"文本框，如图 2-42 所示。

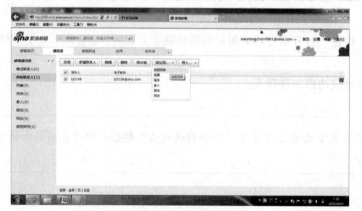

图 2-41　添加联系人小组

图 2-42　群发信息

（2）输入主题和正文。

（3）单击"发送"按钮完成邮件的群发。

> **温馨提示**
>
> 单封邮件不能超过 25 个地址，如果使用客户端最多可以发送给 50 个地址。

归纳总结

本节学习了以下内容：

（1）申请一个免费的邮箱。

（2）收发电子邮件。

（3）将朋友的邮箱地址添加到通讯录。

（4）利用分组进行邮件的群发。

拓展知识

1. 关于退信

当给对方发送信件时，有可能因为某种原因，导致邮件传输失败，这时，系统就会自动发出一封信件，告知这封邮件由于某些特殊的原因没有传递成功。

一般情况下，退信产生的原因主要有以下几种：

（1）收件人信箱填写不准确。要发送的信件，收信人的邮件地址不准确，有可能是对方告诉的地址有误，也有可能是发信人将地址写错了。

（2）网络原因导致。一封邮件的传输，是由发送方和接收方的服务器以及中间的网络共同完成的，这其中网络状态是很重要的一部分，如果网络发生了严重堵塞的情况，则有可能使信件传递不成功。

（3）接收方服务器设置。如果接收方将发送方的服务器 IP 或域名设置为"拒绝接收"，发送过去的信件也将会传递失败。

表 2-2 中给出了一些退信内容，根据这些内容判断可能出现的原因。

表 2-2　退信内容、原因和解决方法

退 信 内 容	退 信 原 因	解 决 方 法
Invalid address		
User unknown		
Bad address	接收方的邮箱地址错误	检查接收方邮箱地址是否正确
Mailbox unavailable		
User is not found		
Doesn't have this account		
User status is locked		
Mailbox space not enough	接收方邮箱已满或因长时间没登录而被冻结	和接收方联系确认邮箱的状态是否正常
Quota exceed		

续表

退 信 内 容	退 信 原 因	解 决 方 法
Mailbox is full	接收方邮箱已满或因长时间没登录而被冻结	和接收方联系确认邮箱的状态是否正常
Exceeded maximum size		
Spam	发送的邮件被对方邮件服务器拒绝	联系你的邮箱服务商，把情况反馈给服务商
Blocked		
533 Mail data refused		
refused		
Connection died		
Domain syntax	接收方的邮箱地址有错误	是否将对方邮件地址@后面的部分写错了
Bad host domain		
Couldn't find		
unreachable		

2．垃圾邮件的处理

选中垃圾邮件或要拒收的邮件（在邮件前打勾），在"移动到"下拉列表中选择"垃圾邮件"即可将邮件放入"垃圾邮件"夹。

自主练习

（1）同学们之间相互发送问候的邮件。

（2）利用附件给同学发 MP3 歌曲。

（3）保存同学们的邮箱地址，建立自己的通讯录。

2.4　利用因特网进行信息交流

【任务 2.4】学习使用 QQ

领导要求小王把一些电子文件和数字照片传给客户，并和客户随时保持联系，了解客户需求。小王想到利用 QQ 与客户交流，但他办公室的计算机还没有安装 QQ。

任务分析

1．首先要拥有 QQ

（1）下载并安装软件。

（2）注册。

（3）登录。

2．通过 QQ 可以进行的事情

（1）实时文字交流。

（2）传输文件。

（3）实时语音/视频交流。

知识窗 —— 腾讯QQ ——

　　腾讯QQ是一款基于因特网的即时通信（IM）软件。腾讯QQ支持在线聊天、视频电话、点对点断点续传文件、共享文件、网络硬盘、自定义面板、QQ邮箱等多种功能。并可与移动通信终端等多种通信方式相连。可以使用QQ方便、实用、高效地和朋友联系，而这一切都是免费的。

动手实践

1. 下载软件，安装注册

1）下载并安装软件

（1）打开IE浏览器，在地址栏中输入"http://im.qq.com/download"并按【Enter】键，登录QQ官方网站，如图2-43所示。

图2-43 "腾讯软件中心"页面

（2）选择QQ pc版，单击"下载"按钮，弹出图2-44所示的提示框。

图2-44 下载程序保存提示框

（3）单击"保存"下拉按钮，选择"另存为"命令，弹出"另存为"对话框，如图 2-45 所示。

（4）选择文件保存位置，输入文件名，单击"保存"按钮进行下载。下载完毕后，打开保存路径，双击安装程序开始安装。

（5）安装完成后，在"完成安装向导"对话框中根据需要进行相关设置，这里取消了对话框中4个复选框的选定，单击"完成"按钮，结束QQ的安装过程，如图2-46所示。

图 2-45 "另存为"对话框

图 2-46 "完成安装"对话框

2）申请注册 QQ 号码

（1）单击桌面上的"腾讯 QQ"快捷图标，打开"QQ 用户登录"界面，如图 2-47 所示。

（2）在登录界面中单击"注册账号"超链接，打开"申请 QQ 账号"页面，如图 2-48 所示。

图 2-47 "QQ 用户登录"对话框

图 2-48 申请 QQ 账号

（3）进入 QQ 号码申请页面，填写必填基本信息，浏览并同意"我已阅读并同意相关服务条款和隐私政策"，单击"立即注册"按钮，即可获得免费的 QQ 号码。

3）登录 QQ

运行 QQ，输入 QQ 号码和密码，单击"登录"按钮即可登录 QQ。也可以选择"手机号码"等其他方式登录 QQ。登录后 QQ 的主界面如图 2-49 所示。

2．添加好友

利用新号码首次登录 QQ 时，好友名单是空的，要和其他人联系，必须要先添加好友。成功查找添加好友后，即可体验 QQ 的各种特色功能。

（1）在主面板上单击"查找"按钮，弹出"查找"对话框，如图 2-50 所示。

 小说明

QQ 提供了多种方式查找好友。

（1）在"基本查找"中可查看"看谁在线上"和当前在线人数。如果知道对方的 QQ 号码、昵称或电子邮件，即可进行"精确查找"。

（2）在"高级查找"中可设置一个或多个查询条件来查询用户。可以自由选择组合"在线用户""有摄像头""省份""城市"等多个查询条件。

（3）在"群用户查找"中可以查找校友录和群用户。

图 2-49 QQ 主界面

图 2-50 "查找"对话框

（2）找到希望添加的好友后，选中该好友并单击"加为好友"按钮。对设置了身份验证的好友输入验证信息，若对方通过验证，则添加好友成功，如图 2-51 所示。

3．发送即时消息

双击好友头像，在聊天窗口中输入消息，单击"发送"按钮即可向好友发送即时消息，如图 2-52 所示。

图 2-51 查找及添加好友

图 2-52 聊天窗口

4．传输文件

通过 QQ 可以向朋友或合作伙伴传递任何格式的文件（除 .exe 外），如图片、文档、歌曲等。它支持断点续传，传送大文件也不必担心中途中断。

（1）单击聊天窗口上方的"文件传输"按钮，弹出"文件传输"下拉菜单，如图 2-53 所示，选择一种传输方式进行传输即可。

（2）等待对方接受、连接成功后，聊天窗口右上角会出现传送进程，文件接收完毕后，QQ 会提示打开文件所在的目录。

图 2-53 文件传输窗口

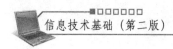

5．语音/视频聊天

（1）单击聊天对话框上方的"视频通话"下拉按钮，弹出图 2-54 所示的"语言视频"对话框。

（2）依照提示向导进行音频设置、图像和视频设置等。若对画质不满意可单击"画质调节"按钮调节图像的高级属性。

1）视频聊天

单击聊天对话框上方的"视频"标签，当对方选择"接听"后，其界面如图 2-55 所示。

图 2-54　"语音视频调节"对话框

图 2-55　"视频通话"屏幕

2）音频聊天

如果只想进行音频通信，单击聊天对话框上方的"开始语音通话"按钮，对方收到请求并接受后即可进行语音聊天。

小说明

> 单击麦克风或喇叭的图标即可选择是否关闭麦克风或调节音量。

【任务 2.5】学会使用云盘

学会使用云盘，自己的数据自己做主。

任务分析

云盘是互联网存储工具，云盘是互联网云技术的产物，它通过互联网为企业和个人提供信息的储存、读取、下载等服务。云盘具有安全稳定、海量存储的特点。比较知名而且好用的云盘服务商有百度云盘（百度网盘）、360 云盘、金山快盘、够快网盘、微云等，是当前比较热的云端存储服务。

知识窗——什么是"云盘"

> 云盘是一种专业的网络存储工具。是个人网络硬盘，可随时随地的安全存放数据和重要资料。云盘相对于传统的实体磁盘来说，更方便，用户不需要把储存重要资料的实体磁盘带在身上，通过互联网即可轻松从云端读取自己所存储的信息。

1. 申请个人云盘空间

这里以百度云盘为例来申请个人云盘空间。具体步骤如下：

（1）打开百度搜索引擎，输入"百度云管家"，下载并安装该客户端。安装后在桌面上出现 图标。

（2）双击该快捷方式，打开云管家登录界面，如图 2-56 所示。

（3）如果是新用户，首先进行注册。单击"立即注册百度账号"按钮，打开"注册百度账号"页面。有两种方式注册，一种是通过邮箱注册，另一种是通过手机号注册。此处通过邮箱进行注册。在"注册百度账号"页面中输入"邮箱""密码""验证码"后，单击"注册"按钮，如图 2-57 所示。

（4）注册完成后，弹出"验证邮件"提醒界面，如图 2-58 所示。

图 2-56　"百度云管理"界面

（5）单击"立即进入邮箱"按钮，转到注册用的邮箱，打开验证邮件，单击验证链接地址，如图 2-59 所示。

图 2-57　"注册"页面

图 2-58　"注册"页面

图 2-59　"激活百度账号"页

（6）百度进行激活验证成功后，出现图 2-60 所示的界面，完成云盘空间的申请。

2. 云盘的使用

现在已经建立了"网上道德自律"的博客。其他人可以对某一日志进行评论，也可以给博主进行留言，参与到专题的讨论中。

1）上传文件

（1）双击该快捷方式，打开图 2-61 所示的云管家登录界面。

图 2-60　账号注册成功

图 2-61　云管家登录界面

（2）输入百度账号和登录密码后单击"登录"按钮，弹出图 2-62 所示的界面。

（3）单击"新建文件夹"按钮，并修改文件夹的名称为"个人资料"，如图 2-63 所示。

图 2-62　"我的云盘"界面

图 2-63　新建文件夹

（4）单击"个人资料"文件夹，进入个人资料文件夹，单击"上传文件"按钮，弹出"选择文件/文件夹"对话框，如图 2-64 所示。

（5）选择需要上传到云盘的文件，单击"存入百度云"按钮，开始上传文件，上传进度如图 2-65 所示。

图 2-64　"选择文件/文件夹"对话框

图 2-65　上传进度界面

（6）上传完成后，在"个人资料"文件夹中出现了刚刚上传的文件，如图 2-66 所示。

图 2-66　"个人资料"中的文件

小说明

　　还可以选中需要上传的文件，直接拖到百度云盘的文件夹下。

2）下载文件

（1）登录云管家后，选择需要下载的文件，如图 2-67 所示。

（2）选择好下载路径后，单击"下载"按钮，完成文件的下载。百度云盘的默认文件夹是"BaiduYundownload"。

3）文件的移动

（1）新建一个名为"备份文件"的文件夹，如图 2-68 所示。

图 2-67　选择要下载的文件

图 2-68　新建文件夹

（2）新建一个名为"备份文件"的文件夹，选择需要移动的文件，单击"更多"下拉列表，选择"移动到"命令，如图 2-69 所示。

（3）单击"移动到"命令，弹出"选择云端保存路径"对话框。单击"确定"按钮，完成文件的移动，如图 2-70 所示。

图 2-69　选择"移动到"命令

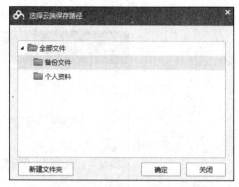

图 2-70　"选择云端保存路径"对话框

归纳总结

本节学习了以下内容：

（1）什么是"云盘"。

（2）申请个人云盘空间。

（3）管理云盘文件。

拓展知识

设置在线状态

（1）更改在线状态

在 QQ 主面板左上方单击头像右下角的下拉按钮，在下拉菜单中选择"上线""离开""隐身""离线"命令可更改在线状态。

（2）自动转换状态设置

在系统菜单中选择"设置"→"系统设置"→"状态转化和回复"命令，可根据需要设置选定时间内鼠标键盘无操作时自动转换到某种状态。也可设置鼠标键盘有操作时，是否自动取消该状态。

自主练习

（1）下载安装并登录 QQ，将同一小组的同学添加至好友中，并与同学利用 QQ 进行文字交流。

（2）为同一小组同学创建群，并设置群组成员。

（3）随着因特网应用的范围越来越广，网上即时通讯技术也越来越成熟。在享受科技带来的方便的同时，是否有兴趣了解一点它的发展史呢？请感兴趣的同学利用网络查找相关资料，写出一个有关即时通讯发展的小资料。

第 ③ 章

多媒体素材的处理

信息有多种表现形式，如文字、语言、图形、图像、动画、音频、视频等。多媒体计算机可以用数字方式存储这些信息，还可以对这些信息进行编辑处理。本章将学习如何利用计算机简单地处理照片、音频和视频文件。

学习目标

- 学会浏览和编辑照片。
- 学会获取、剪裁和编辑音频。
- 学会视频转换、编辑和输出视频。

学习内容

章　节	主要知识点	任　务
3.1　数字图像的编辑	1. 照片的浏览 2. 照片参数的调整 3. 照片的修复	3.1　制作手机壁纸，照片修复
3.2　音频文件的编辑	1. 音频 CD 抓轨 2. 音频文件的剪裁 3. 消除音频文件的噪声	3.2　制作伴奏音乐和手机铃声
3.3　多媒体幻灯片的制作	1. 批量修改文件名 2. 制作图片演示幻灯片 3. 创建图片屏保程序	3.3　制作图片演示幻灯片和计算机屏保
3.4　视频文件的剪辑合成	1. 视频素材的导入和选择 2. 视频过渡效果的设置 3. 添加字幕和背景音乐 4. 输出影片	3.4　制作"日出东方"短片

3.1 数字图像的编辑

【任务 3.1】制作手机壁纸，照片修复

小明的计算机中保存了很多的照片，有些照片在拍照时由于曝光量等技术控制得不好，使照片的亮度、对比度等有所不足。有的照片中人物的眼睛是红色的，怎样才能对这些照片进行修正呢？如何方便地改变照片的尺寸大小呢？

任务分析

首先要安装修复照片的软件，然后通过照片的浏览、编辑功能对图像进行观察和简单的处理。这里用 ACDSee 软件来实现这些功能。

动手实践

1. ACDSee 软件的启动

知识窗  ACDSee

ACDSee 每次推出新版本时，都会新增加一些小功能。ACDSee 也可以支持 WAV 格式的音频文件播放，未来程序将朝向多媒体应用及播放平台努力研发。最新版为 ACDSee 17，是最好用的数码照片浏览及处理软件之一。

双击桌面上的 ACDSee 程序图标 启动程序，打开图 3-1 所示的界面。

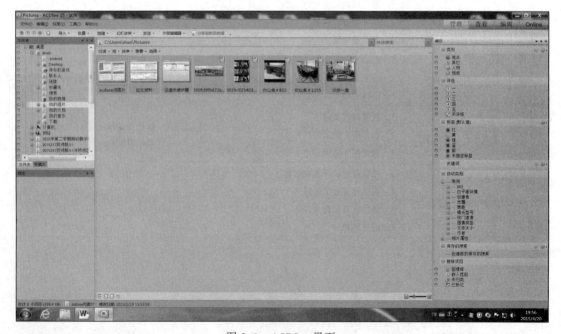

图 3-1　ACDSee 界面

知识窗——ACDSee 窗口介绍

　　ACDSee 用户界面提供便捷的途径来访问各种工具与功能，利用他们可以浏览、查看、编辑及管理照片与媒体文体。ACDsee 提供了 4 种模式：管理模式、查看模式、编辑模式和 Online 模式。

　　"管理"模式是用户界面中主要的浏览和管理组件，在此模式下可以查找、移动、预览、排序文件。

　　"查看"模式可以播放媒体文件，还可以打开相应的窗格来查看图像属性。

　　"编辑"模式是对已渲染为 RGB 的图像数据进行处理。

　　"Online"模式可以将图像上传到 ACDSeeOnline.com 与联系人或公众分享。

2．制作手机壁纸

1）在 D 盘新建文件夹

（1）在文件夹窗格中选择"计算机"下的"本地磁盘 C"选项。在浏览窗格空白处右击，在弹出的快捷菜单中选择"新建"→"文件夹"命令。

（2）完成上面的操作后，会在 C 盘根目录下新建一个文件夹，将文件夹命名为"照片资料"，如图 3-2 所示。

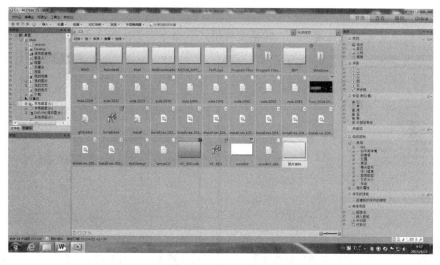

图 3-2　建立文件夹

2）将用于做壁纸的图片和照片复制到"照片资料"文件夹

（1）选中桌面"汽车图片"文件夹中的 15 张汽车照片，如图 3-3 所示。

温馨提示

　　如果要一次对多个照片进行选择，可使用【Ctrl】+鼠标左键进行不连续照片的选择，或用【Shift】+鼠标左键进行连续的多个照片的选择。

（2）右击被选中的照片，在弹出的快捷菜单中选择"复制到文件夹"命令，弹出"复制到文件夹"对话框，如图 3-4 所示。

（3）在"复制到文件夹"对话框中选择C盘的"照片资料"文件夹作为目标位置。

图 3-3　选中照片

（4）单击"确定"按钮，完成照片的复制。

3）转换图片格式与图片尺寸调整

（1）在文件夹窗口中选中"C盘照片资料"文件夹，则在操作窗口中出现所有照片。右击要转换格式的图片，弹出快捷菜单。

（2）选择快捷菜单的"批量"→"转换文件格式"命令，弹出图 3-5 所示的对话框。

图 3-4　"复制到文件夹"对话框

图 3-5　"批量转换文件格式"对话框

知识窗──图像的格式

　　BMP：Windows 系统下的标准位图格式，未经过压缩，这种图像文件比较大。平时我们用"画图"程序画出的图形的格式就是这一种。

　　JPEG（JPG）：应用最广泛的图片格式之一，这种图片是经过压缩而来的，文件较小，便于在网络上传输，网页上大部分图片就是这种格式。

　　GIF：分为静态 GIF 和动画 GIF 两种，"体型"小，网上很多小动画都是 GIF 格式。动画 GIF 其实是将多幅图像保存为一个图像文件，从而形成动画。

PSD: 图像处理软件 Photoshop 的专用图像格式，图像文件较大。

PCX: ZSOFT 公司在开发图像处理软件 Paintbrush 时开发的一种格式。它是经过压缩的格式，占用磁盘空间较少，并具有压缩及全彩色的优点。

PNG: 与 JPG 格式类似，网页中很多图片都是这种格式，支持图像透明。

TIFF: 标记图像文件格式，TIFF 以任何颜色深度存储单个光栅图像。TIFF 可以被认为是印刷行业中受到支持最广的图形文件格式。TIFF 支持可选压缩，不适用于在 Web 浏览器中查看。

（3）选中格式列表中的 JPG 格式，单击"下一步"按钮，弹出图 3-6 所示的"设置输出选项"对话框。在此对话框中可以设置转换后的图片的存放位置及对原始文件的处理方法等选项。

（4）单击"下一步"按钮，弹出图 3-7 所示的"设置多页转换"对话框。

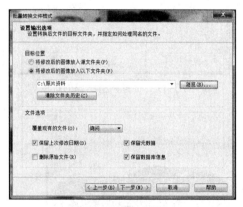

图 3-6 "设置输出选项"对话框

图 3-7 "设置多页选项"对话框

（5）单击"开始转换"按钮，开始将文件转换为 JPG 格式的文件，结束后弹出图 3-8 所示的对话框。

（6）单击"完成"按钮后，在当前文件夹下出现了转换后的文件，如图 3-9 所示。

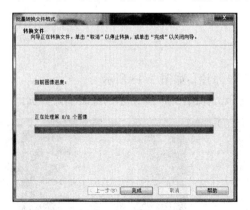

图 3-8 "转换文件"对话框

图 3-9 转换前后的图片格式

（7）手机壁纸使用的图片格式为 JPG 格式，所以按照上面的方法可以将别的图片格式转换为 JPG 格式，转换结束后，即可对图片的大小进行修改。

（8）右击要改变大小的图片，在弹出的快捷菜单中选择"批量"→"调整大小"命令，弹出

图 3-10 所示的"批量调整图像大小"对话框，选择"以像素计的大小"单选按钮，输入调整后图片的宽度与高度值，单击"开始调整大小"按钮。

（9）调整结束后，弹出图 3-11 所示的对话框，单击"完成"按钮，在当前文件夹下会出现调整后的图片，如图 3-12 所示。

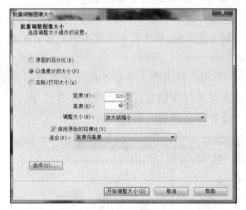

图 3-10 "批量调整图像大小"对话框

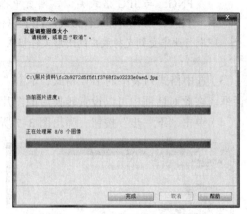

图 3-11 批量调整图像的进度

图 3-12 调整前后的照片对比

3. 快速修正拍摄失败的照片

1）红眼照片的修正

（1）在编辑模式下选中要修正红眼的照片，打开该照片，如图 3-13 所示。

（2）单击屏幕左侧工具条中的"红眼消除"按钮，弹出图 3-14 所示的红眼消除界面。

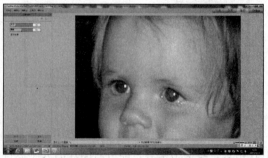

图 3-13 打开红眼照片

图 3-14 红眼消除编辑界面

温馨提示

可以通过缩放滑块来调节照片的显示大小，以便更精确地修正红眼区域。

（3）单击眼睛中的红色区域，通过调节左侧的"大小"和"调暗"两个滑块，达到满意的调整区域，完成红眼修复，效果如图 3-15 所示。

（4）单击"完成"按钮，修正好一只眼睛颜色后的效果如图 3-16 所示。

图 3-15　自动修正效果

图 3-16　修正一只眼睛后的效果

（5）重复步骤（3）～（4），将两只眼睛全部修正好，效果如图 3-17 所示。

（6）单击"保存"按钮，弹出图 3-18 所示的"保存更改"对话框，单击"保存"按钮，修正后的照片即可替换原照片。

图 3-17　全部修正后的效果

图 3-18　"保存更改"对话框

 小说明

如果单击"另存"按钮，则将修正后的照片另存为副本。单击"丢弃"按钮，则不保存修正后的照片。

2）照片对比度、亮度的修正

（1）在编辑模式下打开要调整的照片，如图 3-19 所示。

（2）单击左侧工具栏中的"曝光"按钮，打开图 3-20 所示的调整界面。

（3）调整左侧"曝光"编辑面板中的"曝光、对比度、光线填充"滑块的位置，直到照片达到要求后单击下方的"完成"按钮。

（4）单击左侧工具栏中的"色阶"按钮，打开图 3-21 所示的亮度调整界面。

（5）调整左侧"亮度"通道中的"明亮、中间色、阴暗"滑块的位置，直到照片的亮度达到要求为止。

图 3-19　打开照片

图 3-20　对比度调节

图 3-21　亮度编辑面板

（6）单击下方的"完成"按钮，回到照片编辑模式。

（7）调整结束后，单击左下方的"完成"按钮，弹出图 3-22 所示的"保存更改"对话框。单击"保存"按钮保存文件，修改前后的照片对比如图3-23所示。

（a）调整前 （b）调整后

图 3-22 保存更改对话框 图 3-23 调整对比度前后的效果

3）倾斜照片的修复

（1）打开要调整的照片，如图 3-24 所示。

（2）在编辑模式下单击左侧工具栏中的"旋转"按钮，打开图 3-25 所示的旋转调整界面。

图 3-24 打开倾斜照片 图 3-25 旋转调整界面

（3）调节左侧的"调正"滑块，改变照片角度数值，直到照片角度合适为止。

（4）单击下方的"完成"按钮，完成照片的旋转修复。

（5）单击"保存"按钮保存修改后的照片，修改前后的照片对比如图3-26所示。

（a）旋转前的效果 （b）旋转后的效果

图 3-26 旋转前后效果对比

温馨提示

滑块向左则照片为逆时针旋转，滑块向右则照片为顺时针旋转。

归纳总结

本节学习了以下内容：
（1）安装和启动 ACDSee 应用程序。
（2）照片的浏览、复制和格式的转换。
（3）照片参数的调整（尺寸、亮度、对比度）。
（4）红眼照片和倾斜照片的修复。

拓展知识

1．照片中红眼形成的原因

首先，红眼现象不是由于相机的质量问题形成的，而是由于人眼睛的特点而形成的。人的瞳孔能随环境光线的强弱自动调节大小。当人处在光线较暗处时，为看清东西瞳孔就会自动放大。由于视网膜上的血管丰富，夜晚，用闪光灯拍照时，瞬间的强光令瞳孔来不及收缩，反而会放大以便让更多的光线通过，这样，光线便透过瞳孔投射到视网膜上，视网膜的血管就会在照片上产生泛红现象，即人们常说的"红眼"。

2．如何在拍摄照片时控制红眼的产生

一般数码照相机都有防红眼功能，开启相机的红眼控制功能通常可以减少数码照片拍摄中的红眼问题。所以在使用数码照相机拍摄照片时，应注意一些拍摄技巧，以尽可能控制红眼的影响。如果注意下面 3 点，无论照相机是否开启防红眼功能，都能有效地减轻红眼现象：

（1）拍摄者应处在光源的前方，进行拍摄时，拍摄对象的瞳孔因有环境光线的照射，就不会受到强烈光线刺激而放大。

（2）最好不要在特别昏暗的地方采用闪光灯拍摄，开启红眼消除系统后要尽量保证拍摄对象都正对镜头。

（3）有条件的话，可采用能进行角度调整的高级闪光灯，在拍摄时闪光灯不要平行于镜头方向，而是向上与镜头呈 30°的角度，这样闪光时实际是产生环境光源，也能够有效避免瞳孔受到刺激而放大。

自主练习

（1）将自己收藏的照片中人物的红眼去掉。
（2）为自己的手机制作一些壁纸照片。

3.2 音频文件的编辑

【任务 3.2】制作伴奏音乐和手机铃声

学校要举行才艺表演，对于喜欢唱歌的同学来说，这是展示自己音乐才能的好机会。要想找到所唱歌曲的伴奏音乐，并不是一件容易的事情。对于一些歌曲，在网上可能也不容易找到伴奏

音乐，如果想自己制作伴奏音乐该如何实现呢？

任务分析

制作伴奏音乐和手机铃声包括音频 CD 抓轨、生成不同格式的音频文件、音频文件的导入、演唱声音的消除、音频文件的剪裁等操作。利用音频编辑软件 GoldWave 进行处理，可生成伴奏音乐和个性手机铃声。

动手实践

1. 音频文件 CD 抓轨

（1）将音乐 CD 放入光驱中，单击 GoldWave 程序图标启动 GoldWave，启动界面如图 3-27 所示。

（2）选择"工具"→"CD 读取器"命令，或单击工具栏中的"CD 读取器"按钮，弹出"CD 读取器"对话框，如图 3-28 所示。

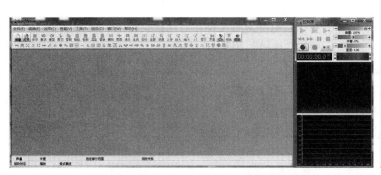

图 3-27　GoldWave 启动界面

图 3-28　"CD 读取器"界面

知识窗——关于 GoldWave

GoldWave 是标准的绿色软件，不需要安装且体积小巧，将压缩包的几个文件释放到硬盘下的任意目录里，直接双击 GoldWave.exe 即可运行。

GoldWave 在音乐后期合成、多媒体音效制作、声音处理等方面发挥着巨大的作用，它是修饰声音素材的最主要途径，能够直接对声音质量起到显著的影响。是一种简单、实用的音频编辑解决方案。

GoldWave 支持多种声音格式，它不但可以编辑扩展名为 WAV、MP3、AU、VOC、AU、AVI、MPEG、MOV、RAW、SDS 等格式的声音文件，还可以编辑 Apple 计算机所使用的声音文件；并且 GoldWave 还可以把 Matlab 中的 MAT 文件当作声音文件来处理，可以很容易地制作出所需的音频文件。

GoldWave 的窗口包括主窗口和 W 窗口两部分。整个主窗口从上到下被分为 3 个大部分，最上面是菜单命令和快捷工具栏，中间是波形显示，下面是文件属性。用户的主要操作集中在占屏幕比例最大的波形显示区域内。刚启动 GoldWave 时，窗口是空白的，而且 GoldWave 窗口上的大多数按钮、菜单均不能使用，需要先建立一个新的声音文件或者打开一个声音文件。窗口的作用是播放声音以及录制声音。

（3）选择要保存的 CD 歌曲，单击"保存"按钮，弹出图 3-29 所示的"保存 CD 曲目"对话框。

（4）指定保存文件的"目标文件夹"并选择保存文件的类型为 MP3，单击"确定"按钮，开始进行音频 CD 抓轨过程，如图 3-30 所示。

图 3-29 "保存 CD 曲目"对话框

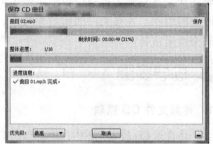

图 3-30 CD 抓轨进度

（5）全部曲目保存完成后，GoldWave 完成了将 CD 上的歌曲保存到计算机中的过程。

2．导入音频文件

（1）单击工具栏中的"打开"按钮，弹出"打开声音文件"对话框。

（2）选择需要导入的歌曲，单击"打开"按钮，弹出图 3-31 所示的歌曲导入进度框。

（3）歌曲导入 GoldWave 后，在窗口中显示出了音频文件的声音波形。如果是立体声，GoldWave 会分别显示两个声道的波形，绿色部分代表左声道，红色部分代表右声道，如图 3-32 所示。

图 3-31 "歌曲导入"进度框

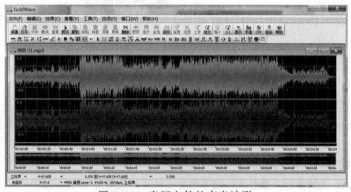

图 3-32 音频文件的声音波形

（4）单击"控制器"窗口中的播放按钮，可以播放导入的歌曲，如图 3-33 所示。

3．消除人声，制作伴奏音乐

（1）启动 GoldWave，将曲目 01 导入。选择"效果"→"立体声"→"消减人声"命令，弹出图 3-34 所示的"消减人声"对话框。

温馨提示
　　除了使用菜单命令外，还可以单击命令按钮 来完成消减人声的操作。

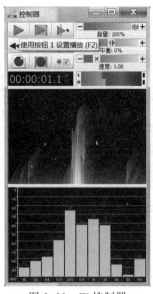

图 3-33　W 控制器

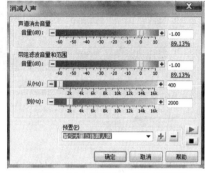

图 3-34　"消减人声"对话框

（2）选择"预置"下拉列表中的"减少大量立体声人声"选项，单击"确定"按钮。

温馨提示

　　可以根据所选歌曲的演唱者的声音范围来选择不同的预置效果，达到较好的消除人声的效果。

（3）弹出图 3-35 所示的"正在处理消减人声"进度框，表示正在进行消减人声的处理。

（4）消减人声操作结束后，单击"控制器"窗口中的"播放"按钮，预听消减人声处理后的效果。若效果不好，可以再试用别的预置效果，直到取得比较满意的效果为止。图 3-36 所示为消除人声操作前后波形效果对比。

图 3-35　正在处理消减人声

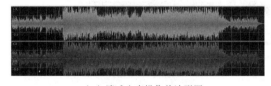

（a）消减人声操作前波形图

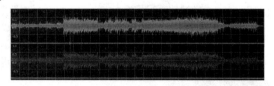

（b）消减人声操作后波形图

图 3-36　消减人声操作前后波形效果图

（5）选择"文件"→"另存为"命令。

（6）在对话框中选择保存文件的位置及保存文件的类型和文件名。

（7）单击"确定"按钮，打开保存文件的进度框，完成文件保存工作。

4. 制作个性手机铃声

（1）启动 GoldWave，将歌曲导入，如图 3-37 所示。

（2）单击"控制器"窗口中的"播放"按钮，预听所选歌曲，且会看到一个播放进度条在前进，如图 3-37 所示。

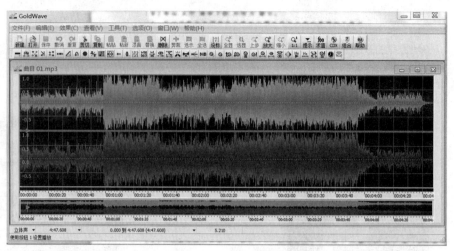

图 3-37　导入歌曲

（3）当进度条走到要选择开始作为铃声的地方，可以先单击"控制器"窗口中的"暂停"按钮，让进度条停止。把鼠标指针移到进度条上并右击，再在快捷菜单中选择"设置开始标记"命令，设置该点为开始标记，如图 3-38 所示。

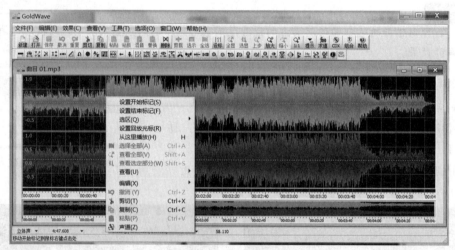

图 3-38　设置开始标记

温馨提示

　　若选择的起始位置不太准确，可以通过单击"控制器"窗口中的"快进""快退"键来修正进度条位置。

设置起始点后的界面如图 3-39 所示。

（4）接着单击"控制器"窗口的"播放"按钮，播放到要设置成铃声的尾端的位置单击"暂停"按钮使进度条停止。

（5）将鼠标指针移到进度条上并右击，选择快捷菜单中的"设置结束标记"命令，将该点设置为结束标记，如图 3-40 所示。

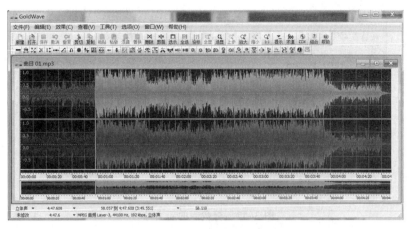

图 3-39 设置开始标记后的效果

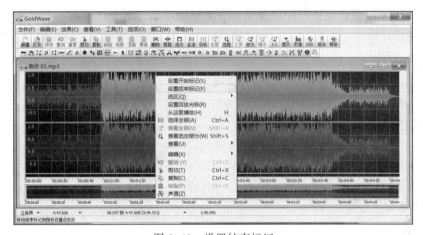

图 3-40 设置结束标记

如果不满意，可以重复步骤（3）～（4）来修正进度条位置，一般铃声长度在 30～50 s 内最好。

选择了开始和结束标记后的音乐片段为高亮显示，如图 3-41 所示。

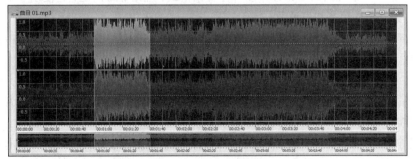

图 3-41 选中部分声音

（6）单击工具栏中的"剪裁"按钮，此时，刚才选中的部分的歌曲就会在新的界面中显示，如图 3-42 所示。

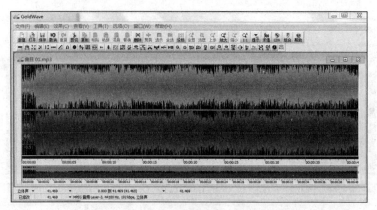

图 3-42　剪裁后的新文件

（7）单击"控制器"窗口的"播放"按钮，预听选取的这段音乐，感到满意后，选择"文件"→"另存为"命令，设置保存位置及保存名称后单击"保存"按钮保存音乐。至此个性手机铃声即制作完成。

温馨提示

　　在保存裁取的音乐时，一定要使用"另存为"命令，否则会覆盖原始音乐。

归纳总结

本节学习了以下内容：
（1）从音频 CD 中抓轨形成音频文件。
（2）音频素材的选择性剪裁。
（3）消除音频文件的噪声。

拓展知识

音频文件格式

　　WAVE 文件作为最经典的 Windows 多媒体音频格式，应用非常广泛，它使用 3 个参数来表示声音：采样位数、采样频率和声道数。

　　声道有单声道和立体声之分，采样频率一般有 11 025 Hz（11 kHz）、22 050 Hz（22 kHz）和 44 100 Hz（44 kHz）3 种。WAVE 文件所占容量=(采样频率×采样位数×声道)×时间/8（1 字节=8bit）。

　　MOD 是一种类似波表的音乐格式，但它的结构却类似于 MIDI，使用真实采样，体积很小，在以前的 DOS 年代，MOD 经常被作为游戏的背景音乐。现在的 MOD 可以包含很多音轨，而且格式众多，如 S3M、NST、669、MTM、XM、IT、XT 和 RT 等。

　　MIDI 是 Musical Instrument Data Interface 的简称，它采用数字方式对乐器所奏出来的声音进行记录（每个音符记录为一个数字），然后播放时再对这些记录通过 FM 或波表合成。FM 合成是通过多个频率的声音混合来模拟乐器的声音；波表合成是将乐器的声音样本存储在声卡波形表中，播放时从波形表中取出产生声音。

　　MP3 采用 MPEG Audio Layer 3 技术，将声音用 1:10 甚至 1:12 的压缩率压缩，采样率为

44 kHz、比特率为 112 kbit/s。

MP3 音乐是以数字方式存储的音乐，如果要播放，就必须有相应的数字解码播放系统，一般通过专门的软件进行 MP3 数字音乐的解码，再还原成波形声音信号播放输出，这种软件就称为 MP3 播放器，如 Winamp 等。

RA 系列 RA、RAM 和 RM 都是 Real 公司成熟的网络音频格式，采用了"音频流"技术，所以非常适合网络广播。在制作时可以加入版权、演唱者、制作者、Mail 和歌曲的 Title 等信息，RA 可以称为互联网上多媒体传播的主流格式，适合于网络上进行实时播放，是目前在线收听网络音乐最好的一种格式。

VQF 即 TwinVQ，是由 Nippon Telegraph and Telephone 同 YAMAHA 公司开发的一种音频压缩技术。VQF 的音频压缩率比标准的 MPEG 音频压缩率高出近一倍，可以达到 1:18 甚至更高。而像 MP3、RA 这些广为流行的压缩格式一般只有 1:12 左右。但仍然不会影响音质，当 VQF 以 44 kHz～80 kbit/s 的音频采样率压缩音乐时，它的音质会优于 44 kHz～128 kbit/s 的 MP3，以 44 kHz～96 kbit/s 压缩时，音乐接近 44 kHz～256 kbit/s 的 MP3。

WMA 文件在 80 kbit/s、44 kHz 的模式下压缩比可达 1:18，基本上和 VQF 相同。而且压缩速度比 MP3 提高一倍。所以它应该比 VQF 更具有竞争力。

自主练习

用自己喜欢的歌曲制作伴奏音乐，将其制作成个性的手机铃声。

3.3　多媒体幻灯片的制作

【任务 3.3】制作图片演示幻灯片和计算机屏保

小明要把自己找到的汽车图片制作成演示幻灯片向同学们展示，他还想将这些图片制作成自己的计算机屏保程序，如何实现呢？

任务分析

利用 ACDSee 制作一个汽车图片演示幻灯片及屏保，首先要掌握图片的批量操作，还要掌握演示幻灯片及屏保的制作过程。

1．批量修改文件名

（1）双击桌面上的 ACDSee 程序图标启动程序，打开图 3-3 所示的运行界面。

（2）打开"汽车图片"文件夹，如图 3-43 所示。

图 3-43　汽车图片文件夹

（3）选择"批量"→"重命名"命令，弹出图 3-44 所示的"批量重命名"对话框。

（4）设置照片重命名的起始编号为 1，模板为 pic###。

（5）单击"开始重命名"按钮，弹出图 3-45 所示的"正在重命名文件"对话框。

 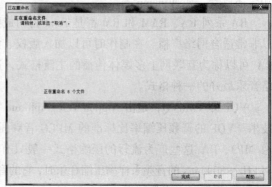

图 3-44　"批量重命名"对话框　　　　　图 3-45　"正在重命名文件"对话框

（6）单击"完成"按钮，则批量重命名操作完成，汽车图片文件夹下的文件全部按设定的要求重命名。

2. 创建幻灯片

（1）选中"汽车图片"文件夹下的所有图片。

（2）选择"创建"→"创建幻灯放映文件"命令，弹出图 3-46 所示的"创建幻灯片放映向导"对话框。

（3）选择"独立的幻灯放映"单选按钮，单击"下一步"按钮，弹出图 3-47 所示的"选择图像"对话框。

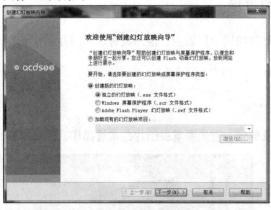 

图 3-46　"创建幻灯片放映向导"对话框　　　　图 3-47　"选择图像"对话框

（4）单击"下一步"按钮，弹出图 3-48 所示的"设置文件特有选项"对话框，可以为每一张幻灯片设置切换动作、标题及音频剪辑。

（5）单击"转场设置"按钮，弹出图 3-49 所示的"转场效果"对话框，将每张幻灯片的切换效果设置为"百叶窗"，如图 3-50 所示，单击"确定"按钮。

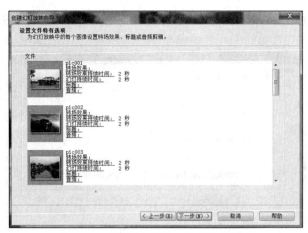

图 3-48 "设置文件特有选项"对话框

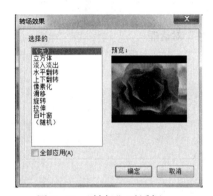

图 3-49 "转场"对话框

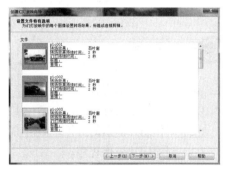

图 3-50 确定转场效果

（6）单击"下一步"按钮，弹出图 3-51 所示的"设置幻灯放映选项"对话框。在"常规"选项卡中可以设置幻灯片播放类型与幻灯片方向，在"文本"选项卡中可以设置每幅图像的页眉与页脚。

（7）单击"下一步"按钮，弹出图 3-52 所示的"设置文件选项"对话框，将图像大小设定为"无最大"，为项目设定文件名和保存位置。

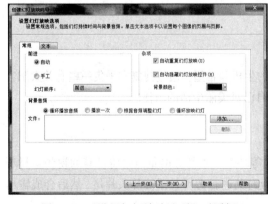

图 3-51 "设置幻灯放映选项"对话框

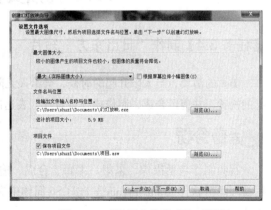

图 3-52 "设置文件选项"对话框

（8）单击"下一步"按钮，开始构建输出文件的过程，如图 3-53 所示。

（9）幻灯片项目生成后，弹出图 3-53 所示的对话框。单击"完成"按钮，即生成了幻灯片文件。

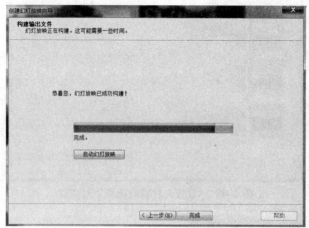

图 3-53 "构建输出文件"对话框

归纳总结

本节学习了以下内容：
（1）批量修改文件名。
（2）制作图片演示幻灯片。
（3）创建图片屏保程序。

自主练习

（1）用自己喜爱的图片制作一个屏保程序。
（2）制作一个演示幻灯片。

3.4 视频文件的剪辑合成

【任务 3.4】制作"日出东方"短片

美丽的清晨，当太阳升起的时候，会给人无限的生机和希望。通过搜集和采集一些有关太阳升起的视频，并剪辑合成，制作成视频短片，表达出自己对美丽生活的向往！

任务分析

视频制作包括摄像、采集、编辑、合成、输出等环节。本任务的重点是将已有的视频素材利用视频编辑软件 Adobe Premiere Pro CS6 简体中文版对其进行剪辑并添加片头片尾，然后合成输出影片。

1．导入视频素材

（1）启动 Premiere Pro。在桌面上双击"Premiere Pro CS6"快捷图标，启动 Premiere Pro，屏幕出现 Premiere Pro 启动界面，如图 3-54 所示。

（2）新建项目。在启动界面上单击"新建项目"按钮，弹出"新建项目"对话框，如图 3-55 所示。

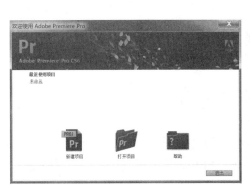

图 3-54　Premiere Pro 启动界面

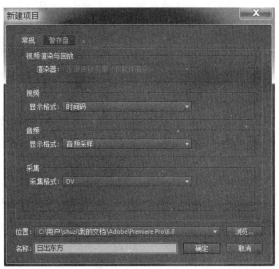

图 3-55　"新建项目"对话框

（3）设置项目文件名称和位置。单击窗口底部"位置"栏右侧的"浏览"按钮，在弹出的对话框中选定设置项目的保存位置，然后在"名称"文本框中输入项目名"日出东方"，单击"确定"按钮，出现 Premiere Pro 预设界面，如图 3-56 所示。

（4）在预设界面中，在左侧的 DV-PAL 文件夹中任意选择一个预设文件，单击"确定"按钮。则显示 Premiere Pro CS6 主界面，如图 3-57 所示。

图 3-56　Premiere Pro 预设界面

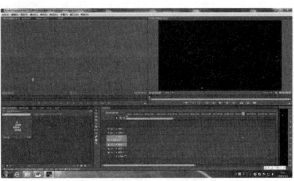

图 3-57　Premiere Pro 主界面

── Premiere Pro 主界面 ──

Premiere Pro 主界面主要由标题栏、菜单栏、"项目"窗口、"源"窗口、工具栏、"序列"窗口和"面板"窗口组成。

（5）将视频素材导入"项目"窗口中。选择"文件"→"导入"命令，弹出"导入"对话框，在"查找范围"下拉列表框中选择视频素材存放的路径，然后在其下方的列表框中选中需要导入的视频素材。

单击"打开"按钮，关闭对话框。此时在"项目"窗口内会显示导入的视频素材，所图 3-58 所示。

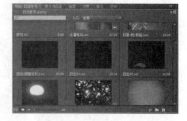

图 3-58　"项目"窗口

2. 选取源素材片段

（1）在"项目"窗口中双击"名称"列表框中的视频素材"日出（绚丽云彩）.avi"，此时在"源"窗口的左侧"源素材监视器"窗格中会导入源视频素材，并显示名为"日出（绚丽云彩）.avi""，其中间显示源素材的开始画面如图 3-59 所示。

当视频素材导入到"源素材监视器"窗格后，可以在其中对源素材进行有选择性的编辑，也可利用切入和切出功能对源视频素材进行部分选取。

（2）将"源素材监视器"左窗口时间线上的时间滑块▇放在 00:00:01:05 处，单击"切入"按钮▇，设置视频剪辑的开始点；将时间滑块拖动到 00:00:19:12 处，单击"切出"按钮▇，设置视频剪辑的结束点，如图 3-60 所示。

温馨提示

从图中可以看出，选取的视频剪辑呈青绿色显示，其余部分呈深灰色显示。

（3）单击"日出（绚丽云彩）.avi"窗格底部的"切入到切出播放"按钮▇，对选取的剪辑素材进行播放预览。

（4）单击"日出（绚丽云彩）.avi"窗口底部的"插入"按钮▇，系统将选定的视频片段素材导入到"序列"窗口中，如图 3-61 所示。此时在"源"窗口右侧的"节目"窗口中就会显示已导入"序列"的视频的开始画面，如图 3-62 所示。

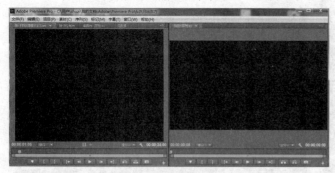

图 3-59　"监视器"窗口

图 3-60　设置开始点和结束点

图 3-61 视频素材导入到序列中

图 3-62 "节目"窗口

（5）单击"序列"窗口轨道上被导入的视频片段，将其选定。在"源"窗口中单击"特效控制台"标签，打开"特效控制台"选项卡，如图 3-63 所示。

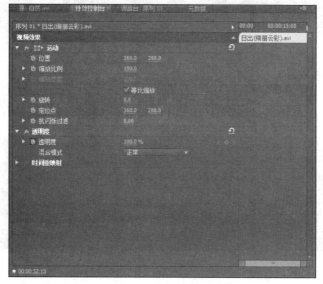

图 3-63 "特效控制"选项卡

（6）单击"运动"项目左侧的"展开/收缩"按钮，展开其参数表，这些参数是将输出影片的高度和宽度放大。

温馨提示

单击"特效控制台"选项卡中每个项目前面的"展开/收缩"按钮，可以打开参数表，然后进行设置。再次单击此按钮，可隐藏参数表。

（7）在"项目"窗口中双击"自然.avi"，使之显示在"源素材监视器"窗口中，仿照步骤（2）~（6），进行下面的操作：

在 00:00:12:02 和 00:00:19:16 处插入"切入"和"切出"标记，然后导入到序列中，并设置其"特效控制"选项卡中的参数，使之与前一段视频的大小相同。

（8）在"项目"窗口中双击"树阴阳光.avi"，使之显示在"源素材监视器"窗口中，仿照步骤（2）~（6），进行下面的操作：

在 00:09:47:00 和 00:09:52:04 处插入"切入"和"切出"标记，然后导入到序列中，并设置其"特效控制"选项卡中的参数，使之与前一段视频的大小相同。

（9）在"项目"窗口中双击"溪水.avi"，使之显示在"源素材监视器"窗口中，仿照步骤（2）～（6），进行下面的操作：

把整段视频全部导入到序列中，并设置其"特效控制"窗格中的参数，使之与前一段视频的大小相同。

上述操作完成后，"序列"窗口如图3-64所示。

图3-64　将选择的素材导入后的"序列"窗口

3. 设置视频过渡效果

（1）在"序列"窗口中，按【+】键，可以将素材图块在轨道上放大，如图3-65所示。若要缩小序列只需按【-】键。

图3-65　放大序列

（2）在"项目"窗口中选择"效果"选项卡，单击"视频切换"左侧的展开按钮，可以看到软件提供了很多种切换的效果，在打开的菜单中再单击"叠化"左侧的展开按钮，显示所有此类场景的过渡效果，如图3-66所示。

（3）选定其中的"照片溶解"选项，并拖动鼠标到"序列"窗口第一段与第二段视频的交界处，此时该交接处上方显示过渡效果图标，如图3-67所示。

图3-66　"效果"选项卡

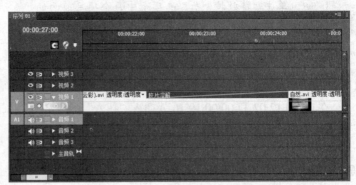

图3-67　在序列上加入视频过渡效果

（4）双击"序列"窗口内的过渡效果图标，"源素材监视器"窗格中的"特效控制台"选项卡便会自动打开，如图 3-68 所示。

（5）将其中的"持续时"更改为"00:00:02:00"，选中下方的"显示真实来源"复选框，如图 3-69 所示。

（6）在"监视器"窗口的"节目"窗格中，将序列上的滑块移至"00:00:30:00"处，单击"播放"按钮观看刚刚设置的视频过渡效果，如图 3-70 所示。

（7）用同样的方法设置其他各视频段的过渡效果。

图 3-68 "特效控制"选项卡

图 3-69 设置效果

图 3-70 "照片溶解"过渡效果

4．添加片头和片尾字幕

1）添加片头字幕

（1）选择"字幕"→"新建字幕"→"默认静态字幕"命令，弹出"新建字幕"对话框，在"名称"文本框中输入"片头字幕"，如图 3-71 所示。

（2）单击"确定"按钮，弹出图 72 所示的字幕编辑窗口。单击左侧工具箱内的"输入工具"按钮 T，在字幕编辑区内的合适位置单击，然后输入标题"日出东方"。单击工具箱中的"选择工具"按钮 ，选中标题，拖动鼠标调整字幕大小和位置，或在窗口右侧的"字幕属性"内设置标题属性，如图 3-72 所示。

图 3-71 "新建字幕"对话框

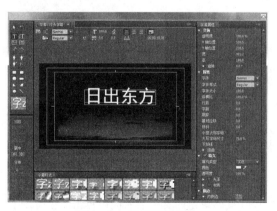

图 3-72 设置字幕属性

（3）选中字幕文字，在"字幕属性"内选中"阴影"复选框，设置字幕的阴影效果，如图 3-73 所示。

（4）在"字幕"下拉列表中选择"关闭"选项，保存并关闭"字幕"窗口，如图 3-74 所示。系统会自动将该字幕导入至"项目"窗口内。

图 3-73　设置字幕阴影

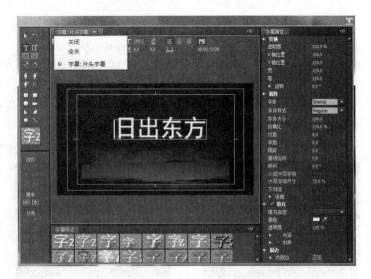

图 3-74　关闭"字幕"窗口

（5）将"片头字幕"拖动至"序列"窗口中的视频 2 轨道上并对齐第一帧，便完成了片头字幕的制作，如图 3-75 序列上的"字幕"所示。

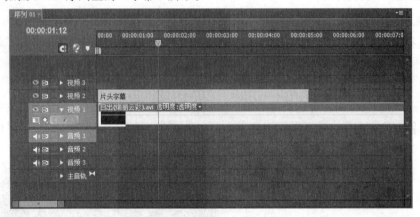

图 3-75　时间线上的"字幕"

2）片尾字幕

（1）选择"字幕"→"新建字幕"→"默认滚动字幕"命令，弹出"新建字幕"对话框，在"名称"文本框中输入"片尾字幕"。

（2）单击"确定"按钮，弹出图 3-72 所示的字幕编辑窗口。单击左侧工具箱内的"垂直文字工具"按钮，在字幕编辑区内的合适位置拖出一个多行文字方框，如图 3-76 所示。

（3）在已设定的文字输入区内单击，然后在字幕制作窗口右侧的"字体属性"内设置其属性，如图 3-77 所示。

（4）单击字幕编辑区，输入文字。并分别对几行文字进行格式设置，效果如图 3-78 所示。

（5）单击字幕编辑窗口左上角的"滚动/游动选项"按钮，弹出图 3-79 所示的"滚动/游动选项"对话框。

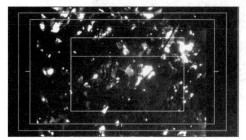

图 3-76　字幕编辑区中的多行文字方框

图 3-77　设置"字幕属性"

图 3-78　字幕文字

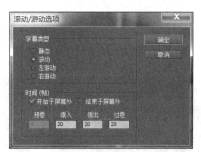

图 3-79　"滚动/游动选项"对话框

（6）按图 3-79 所示进行设置，单击"确定"按钮，返回字幕设计"窗口。

（7）在"字幕"下拉列表中选择"关闭"命令，保存并关闭"字幕"窗口，系统会自动将该字幕导入至"项目"窗口内。

（8）将"片尾字幕"拖动至"序列"窗口中的视频 2 轨道上，并和视频 1 最后一段视频的尾部对齐，便完成了片尾滚动字幕的制作，如图 3-80 所示。

图 3-80　序列上的"片尾"

5．为视频插入背景音乐

（1）在"序列"窗口的"音频1"轨道的"树阴阳光.avi"素材段上右击，在弹出的快捷菜单中选择"解除音视频链接"命令。

（2）选中所有"音频1"轨道上的音频素材，按【Delete】键删除所有音频素材，结果如图3-81所示。

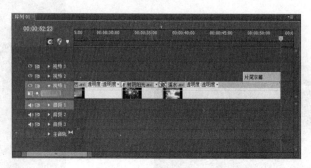

图3-81　删除原音频

（3）与导入视频素材的方法一样，导入背景音乐"日出.mp3"到"项目"窗口的中，如图3-82所示。

（4）将"时间线"窗口内的编辑线标识移至00:00:00:00处，然后将刚导入的音频素材拖放到"音频1"轨道上，结果如图3-83所示。

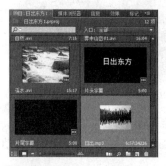

图3-82　导入音频　　　　　　图3-83　在"音频1"轨道上添加新音频

> **温馨提示**
>
> 　　导入音频后，如果音频轨的长度比视频轨长，可以使用"时间线"窗口左侧的剃刀工具 在音频轨道上与视频结尾长度相同处单击，然后选中超过部分后按【Delete】键对音频进行剪辑。

6．输出影片

（1）选择"文件"→"导出"→"媒体"命令，弹出"导出设置"对话框，如图3-84所示。

（2）单击"输出名称"右侧的文件名，在弹出的"另存为"对话框中选择需要保存影片的路径，在"文件名"组合框中输入"日出东方"，如图3-85所示。

（3）设置输出的文件类型。在"文件类型"下拉列表框中选择"AVI"格式，把左侧预览窗口下的范围滑块向右滑动，其余保持默认设置，如图3-84所示。

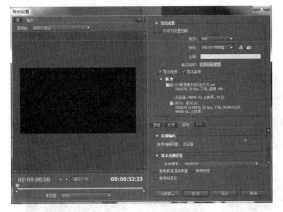

图 3-84　"导出设置"对话框

图 3-85　"另存为"对话框

（4）单击"导出"按钮，弹出图 3-86 所示对话框，其中显示了渲染的进度以及剩余时间，渲染结束后，便生成了影片。

图 3-86　"渲染进度"对话框

（5）在保存影片的文件夹中双击影片图标，即可在 Windows 系统自带的 Windows Media Player 播放器中播放自己制作的影片了。

归纳总结

本节学习了以下内容：

（1）视频素材的导入。

（2）对源素材进行片断选择。

（3）视频过渡效果的设置。

（4）添加片头和片尾字幕。

（5）添加背景音乐。

（6）输出影片。

拓展知识

让影像运动起来

（1）在"序列"窗口中将编辑线标识拖动至 00:00:00:00 的位置，单击"序列"窗口轨道上的第一段视频将其选定，如图 3-87 所示。

（2）然后在"源素材监视器"窗口中选择"特效控制台"选项卡，单击"运动"扩展按钮▶，显示"运动"的各项参数；单击"缩放比例"左侧的"切换动画"按钮 ，将"缩放比例"的参数设置为 0，其余保持系统默认设置，如图 3-88 所示。图中"比例"右侧的 按钮，表明已添加了关键帧。

图 3-87 "序列"窗口   图 3-88 "特效控制台"选项卡

（3）在"序列"窗口中将编辑线标识拖动至 00:00:08:00 的位置，然后将"特效控制台"选项卡中的"缩放比例"参数设置为 100.0，其余保持系统默认设置，此时"源素材监视器"窗口如图 3-89 所示。

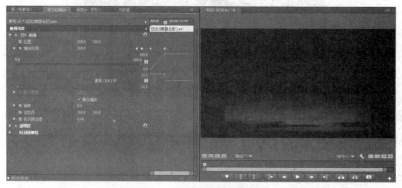

图 3-89 "源素材监视器"窗口

（4）设置完成后，将"序列"窗口中的编辑线标识拖动至 00:00:00:00 的位置，单击"播放"按钮，此时时间轴上的剪辑视频便会进行播放，如图 3-90 所示。

图 3-90 效果图

自主练习

对所给视频素材根据情节进行设计与剪辑并合成输出 avi 影片。

第 **4** 章

文 字 处 理

用计算机处理文字是现代人必备的能力。处理文字需要依托相应的应用软件，目前流行的文字处理软件有 Word、WPS 等，且能插入图形、图像和表格，并做简单处理。本章以 Microsoft Office Word 2010 软件为例，学习文字处理的方法。

为叙述简便，本章将 Microsoft Office Word 2010 简称为 Word 2010。

学习目标

- 掌握文字处理软件的基本功能。
- 了解计算机处理文字信息的方法和步骤，熟悉文档的建立、编辑和输出的操作过程。
- 学会编辑文字、制作表格、图文混排和打印等操作技能。
- 提高自主学习能力。

学习内容

章　节	主要知识点		任　务
4.1　初识 Word	1. 启动Word，建立新文档 3. 输入求职信	2. 汉字输入法 4. 保存文档，退出 Word	4.1　输入一封求职信
4.2　编辑文档	1. 打开文档	2. 编辑文档	4.2　编辑"导游求职信"
4.3　设计电子报刊	1. 确定主题，选择内容 3. 制作版面布局图	2. 搜集素材，设计版面布局	4.3　设计电子报刊"泰山风光"的版面
4.4　插入图片和文本框	1. 插入图片和艺术字 3. 使用文本框	2. 使用自选图形	4.4　制作报头和导读栏
4.5　编辑文字和图片	1. 设置首字下沉 3. 分栏	2. 设置字体 4. 添加背景图片	4.5　编辑"泰山风光"文字和图片
4.6　制作表格	1. 创建和编辑表格 3. 修饰表格	2. 表格中输入文本和计算数据 4. 在表格中插入图片	4.6　制作"泰山里程表"
4.7　设置报刊页面	1. 设置页边距 3. 添加页眉和页脚	2. 设置纸张大小 4. 建立超链接	4.7　设置电子报刊"泰山风光"页面
4.8　发布和交流信息	1. 打印作品 3. 发送电子邮件	2. 转换成 Web 网页	4.8　发布和交流自己的电子报刊作品

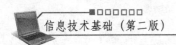
4.1 初 识 Word

【任务 4.1】输入一封求职信

在 Word 中，输入下面的导游专业求职信并保存。

求 职 信

尊敬的贵公司领导：

　　您好！非常感谢您在百忙中抽空审阅我的求职信，给予我毛遂自荐的机会。作为一名导游专业的应届毕业生，我非常热爱自己的专业，并愿意为其投入极大的热情和精力。在几年的学习生活中，我系统地学习了有关导游的专业知识，通过实习积累了比较丰富的工作经验。

　　我家住黄山脚下，东邻徽州（歙县），西靠黟县，是旅游胜地。从小领略祖国的锦绣河山，我非常热爱旅游事业。在校期间，积极向上、奋发进取，注重提高自己的综合素质。曾担任校学生会主席和团委书记等职，工作中勤勤恳恳，认真负责，多次被评为"优秀学生干部"，学习成绩优秀，连续三年获得一等奖学金，并被评为学校优秀毕业生。

　　做学生工作让我积累了宝贵的工作经验，使我学会思考，学会做人，锻炼了组织能力和沟通协调能力，培养了关心集体、吃苦耐劳、乐于奉献的精神。我已经做好了充分准备，愿意为贵公司辉煌的将来而贡献、拼搏！

　　感谢您在百忙之中给予我的关注，愿贵公司事业蒸蒸日上，屡创佳绩！

　　殷切盼望您的佳音，谢谢！

　　联系电话：××××××××××

　　E-mail：×××@sina.com

此致

敬礼

应聘人：王圩
2014 年 6 月

任务分析

要用 Word 2010 写求职信，首先要启动 Word 2010，建立新文档，然后选择一种汉字输入法。再按照写信的格式要求输入文字，输入完毕后保存文档。

动手实践

1. 启动 Word 2010

（1）打开"开始"菜单，选择"所有程序"→"Microsoft Office"→"Microsoft Word 2010"命令。

（2）屏幕出现图 4-1 所示的窗口，启动 Word 2010 完成。

启动 Word 后，软件总是自动新建一个名为"文档1"的空文档窗口，Word 2010 窗口的标题栏显示"文档1-Microsoft Word"，如图 4-1 所示。

图 4-1　Word 2010 窗口界面

2. 输入求职信

在 Word 编辑窗口的正文输入区左上角，有一个竖线"I"不停地闪烁，这个竖线叫做插入光标，插入光标所在位置，就是输入文字的位置，称为插入点。如果输入英文或数字，直接按键盘上相应的键即可，英文字母的大小写切换用【Caps Lock】键，或者使用【Shift+字母】键。

1）选择中文输入法

一般可选择的中文输入法有多种，例如智能 ABC、微软拼音、中文-全拼、郑码、紫光拼音等。可以选择自己熟悉的一种输入方法。

（1）单击计算机屏幕右下角的"语言栏"按钮，打开图 4-2 所示的"语言栏"菜单。

（2）单击菜单中的一种输入法选项，语言栏消失，屏幕上出现相应的输入法工具栏。这时语言栏图标变为相应的输入法图标，例如。

图 4-2　"语言栏"菜单

知识窗　汉字输入法工具栏

① 用快捷键选择输入法。

除了用鼠标选择输入法，还可以用快捷键选择输入法，即反复按【Ctrl+Shift】组合键选择不同的输入方法。

② 中英文切换。

如果文本中有中英文时，按【Ctrl+Space】组合键可以进行中英文切换。但是输入中文时，应确保【Caps Lock】键是关闭的，否则在屏幕上显示的是大写英文字母。

不同的汉字输入法有不同的输入法工具栏，下面是几种输入法工具栏及相应语言栏的图标形状：

输入法名称	语言栏形状
中文（简体）-搜狗拼音输入法	S
智能 ABC 输入法 5.0 版	
中文（简体）-微软拼音新体验输入风格	
微软拼音-简捷 2010	M
中文—QQ 五笔输入法	

2）输入求职信内容

输入时要注意：

（1）按照信函的格式要求输入，如每个段落开头须空出两个汉字位置。

（2）对齐文字不要使用空格键，可以先不考虑对齐，在编辑文本时使用缩进等对齐方式即可。

（3）为了以后排版方便，各行结尾处不要按【Enter】键，只有在段落结束时才按【Enter】键。

（4）中文标点符号与键位对应如表 4-1 所示。

3）修改错误

（1）在输入过程中，如果发现错字，可将

表 4-1　汉字标点符号与键位对应表

中文标点	键　位	中文标点	键　位
。	.	）	)
，	,	《	<
；	;	》	>
：	:	……	^
？	?	——	\
！	!	、	\
“”	""	·	@
‘’	''	—	&
（	(	￥	$

鼠标指针移到错字右边后单击，插入点即移到该处，再按【Backspace】键，可以删除插入点左边的字符。若插入点定位到错字左边，按【Del】键（或【Delete】键）可以删除插入点右边的字符。

（2）如果需要在输入的文本中插入补加的内容，可将插入点定位到插入处，然后输入文字。

（3）单击"插入"或"改写"标志（或按【Insert】键），可以在这两种状态之间切换。

知识窗──自动查错────

　　Word 2010 对输入的英文有自动查错功能，当输入的英文单词出现错误时，Word 2010 会在该单词处加上波折线，指出该单词拼写有错。

4）移动一段文字

如果想把求职信的第 2 段与第 3 段调换一下位置，操作步骤如下：

（1）将光标定位在第 2 段文字的第一个字"做"左边。

（2）拖动鼠标到第 2 段文字的最后一个字"搏"后感叹号的右边，然后释放鼠标，这时会看到要选中的这段文字反白显示，如图 4-3 所示，表明已被选中。

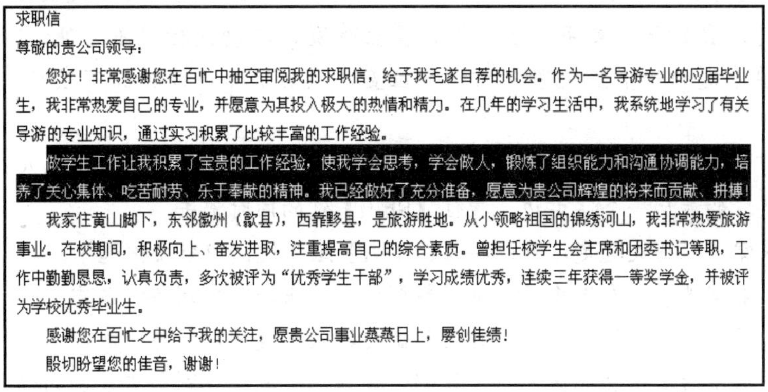

图 4-3　选中第二段文字

（3）单击功能区中的"剪切"按钮，选中的一段文字被放到了剪贴板中，在求职信中消失，如图 4-4 所示。

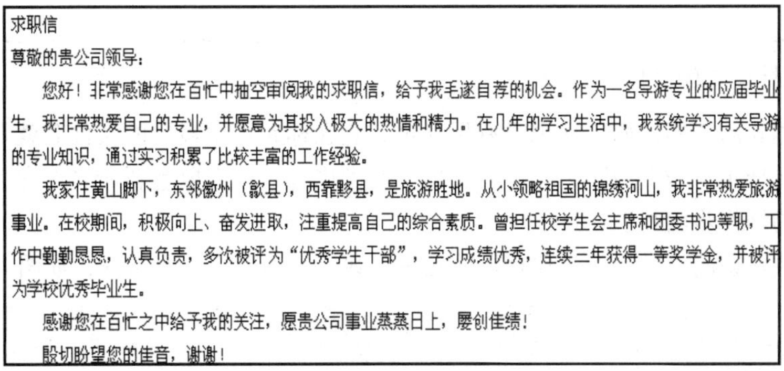

图 4-4　剪切了一段文字

（4）将光标定位在求职信倒数第 4 行"感"的左边。

（5）单击功能区中的"粘贴"按钮，再按【Enter】键，存放在剪贴板中的第 2 段便粘贴到第 3 自然段的位置上，如图 4-5 所示。

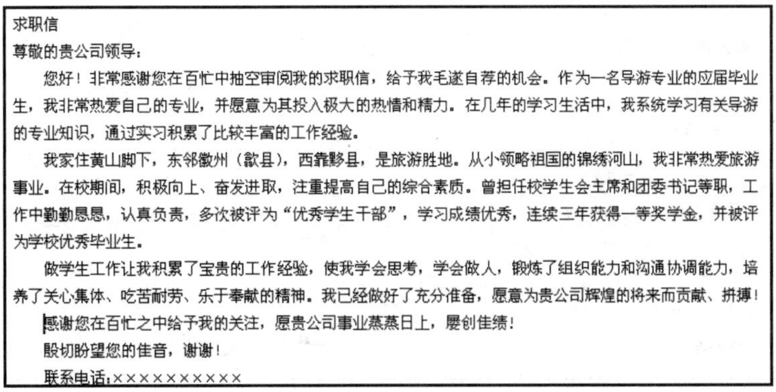

图 4-5　粘贴一段文字

113

知识窗——选中、取消选中、复制和恢复——

（1）选中：拖动鼠标选中文字的办法比较容易掌握，无论文字段长短都可以应用。

但是，有的整段文字行多段长，甚至跨页，拖动鼠标很不方便，可以将插入点定位在要选定的一整段文字中的任一位置，然后快速连续按三下鼠标左键，此段即被选定。

还可以先将插入光标移到要选定的文字段的第一个字左边，再将插入光标移到要选定的文字段的最后一个字右边，按住【Shift】键的同时单击。

如果需要对全文选定，可以按【Ctrl+A】组合键，即全文被选中。

（2）取消选中：在选中后，如果想取消，单击即可取消各种选中。

（3）复制：输入过程中，有时遇到需要输入重复的词、句子和段落，用复制的办法很方便。选中后单击功能区中的"复制"按钮，将光标移到需要复制的位置后，再单击功能区中的"粘贴"按钮，即完成复制。

（4）恢复：在输入过程中，难免出现误选、误移、误删等误操作，单击快速访问工具中的"撤销"按钮，可以恢复前一次的操作，继续单击，能继续复原，直到未操作前。

3. 保存文档，关闭窗口

对一个新创建的文档，如果从来没有保存过，它在标题栏中显示的文件名就是系统按照创建顺序给予的"文档1""文档2"……。当文档中有了内容，就需要重新命名保存起来。

保存文档的操作步骤如下：

（1）单击快速访问工具中的"保存"按钮，弹出"另存为"对话框，如图4-6所示。

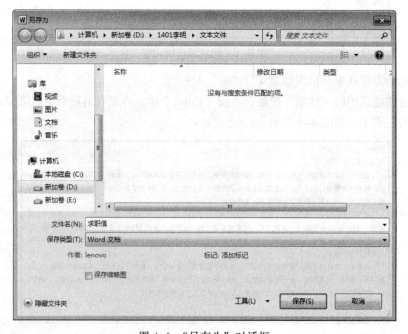

图4-6 "另存为"对话框

（2）在"保存位置"下拉列表中选择准备将文档存入的磁盘和文件夹，例如选择路径"新加卷（D）"→"1401 李明"→"文本文件"，在"文件名"文本框中输入文档的文件名，例如输入文件名"求职信"。

（3）单击"保存"按钮，文档"求职信"即被保存在选定的文件夹中。

4．退出 Word

保存文档之后，可以单击窗口右上角的"关闭"按钮或选择"文件"→"退出"命令，退出

Word。如果在退出前没有保存被编辑的文档，那么在退出时 Word 会弹出图 4-7 所示的对话框。如果单击"是"按钮，如同"另存为"的操作。如果单击"否"按钮，即放弃当前一切对文档的编辑结果。如果单击"取消"按钮，则回到编辑状态。

图 4-7　"Microsoft Word"对话框

知识窗——文件命名

在 Word 2010 中文件命名很灵活，可以是一个数字或一个字母，也可以是一句话，甚至包括空格，但最多不能超过 256 个字符。Word 文档的扩展名为.doc。

新建的文档驻留在计算机的内存中，退出 Word 时，保存在内存中的信息会丢失。因此必须把文档作为一个磁盘文件保存起来，以后才能找到它并对其进行操作。一旦把文档保存在磁盘上，文件将一直保存到删除它为止。

归纳总结

本节主要学习了以下内容：

（1）启动 Word 2010，建立新文档。

（2）选择一种汉字输入法。

（3）输入求职信。

（4）保存文档，退出 Word 2010。

拓展知识

输入不会读的字

遇到一些生僻字，若使用拼音输入汉字，不知道它们的读音时，便无法输入。如求职信中的"歙""黟""圩"不是常见字，当然可以查字典、上网搜索，也可以使用"搜狗拼音输入法"中的"u 模式下笔画输入"，即在按【U】键后，输入笔画拼音首字母或者组成部分拼音，快速得到需要的字。若双拼占用了【U】键，则需要按【Shift+U】进入 u 模式。

（1）笔画输入。通过输入文字构成笔画的拼音首字母输入需要的字。笔画对应按键如表 4-2 所示。

表 4-2　笔画对应按键表

笔　画	按　键
横/提	h
竖/竖钩	s
撇	p
点/捺	d 或 n
折	z

小键盘上的 1、2、3、4、5 也代表 h、s、p、n、z。 如"圩"，输入"uhshhhs"或"u121112"，得到选字条，便可以从中选需要的字。

需要注意"忄"的笔顺是点点竖"dds"，不是竖点点、点竖点。

（2）拆分输入。将一个汉字拆分成多个组成部分，分别输入各部分的拼音即可得到对应的汉字。如"歔"，可拆为"合""羽""欠"，输入"uhyq"或"uheyuqian"。

也可以按部首拆分输入。如"汋"，可拆分为"氵"和"力"，输入"ushuili"。

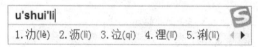

常见部首的拼写输入如表 4-3 所示。

表 4-3　常见部首的拼写输入

偏旁部首	输入	偏旁部首	输入
阝	fu	忄	xin
卩	jie	钅	jin
讠	yan	礻	shi
辶	chuo	廴	yin
冫	bing	氵	shui
宀	mian	糸	mi
扌	shou	犭	quan
纟	si	幺	yao
灬	huo	罒	wang

（3）画拆分混输。还可以进行"笔画+拆分"混合操作。如"弈"，输入"uyihps"。

自主练习

根据所学的专业，建立 Word 文档，写一封求职信，并保存文档。

参考求职信：

（1）会计求职信。

求 职 信

尊敬的领导：

您好！

请恕打扰。我是一名刚刚从财校会计专业毕业的中职生。我很荣幸有机会向您呈上我的个人资料。在投身社会之际，为了找到符合自己专业和兴趣的工作，更好地发挥自己的才能，实现自己的人生价值，谨向各位领导做自我推荐。

我是一名会计电算化专业的学生，我热爱自己的专业并愿为其投入巨大的热情和精力。

三年中，我所学习的内容包括从会计学的基础知识到运用等许多方面，使我对这一领域的相关知识有了一定程度的理解和掌握，在与课程同步进行的各种相关实习中，使我具备了一定的实际操作能力和技术。我知道计算机和网络是将来必不可少的工具，在学好本专业的同时，我学习了计算机的相关知识和操作，取得了会计电算化证、英语等级证、计算机等级证和会计上岗证。

当我正处于人生中精力充沛的时期，非常渴望在更广阔的天地里展露自己的才能，期望在实践中得到锻炼和提高，我希望能够加入你们的单位，一定会踏踏实实地做好属于自己的一份工作，竭尽全力在工作中取得好的成绩，相信经过自己的勤奋和努力，一定会做出应有的贡献。

感谢您在百忙之中所给予我的关注，希望各位领导能够对我予以考虑，我热切期盼你们的回音。谢谢！

此致

敬礼

求职人：×××　谨上

×年×月×日

（2）文秘求职信。

求 职 信

尊敬的领导：

您好！

我是一名即将毕业的中职毕业生。我很荣幸有机会向您呈上我的个人资料。

伴着青春的激情和求知的欲望，我即将走完三年的求知之旅，中职学习生活，培养了我科学严谨的思维方法，造就了我积极乐观的生活态度和开拓进取的创新意识。在学校养成的严谨、踏实的工作作风和团结协作的优秀品质，使我深信自己完全可以在岗位上守业、敬业、更能创业！我相信我的能力和知识正是贵单位所需要的，我真诚渴望能为贵单位明天的辉煌奉献自己的青春和热血！

21世纪呼唤综合性的人才，我个性开朗活泼，兴趣广泛，思路开阔，办事沉稳，关心集体，责任心强，待人诚恳，工作主动认真，富有敬业精神。在三年的学习生活中，我很好地掌握了专业知识，学习成绩一直名列前茅。在学有余力的情况下，阅读了大量专业和课外书籍，自学部分工商管理课程，并熟悉掌握了各种设计软件。

自荐书不是广告词，不是通行证。但我知道：一个青年人，可以通过不断的学习来完善自己，可以在实践中证明自己。尊敬的领导，如果我能喜获您的赏识，我一定会尽职尽责地用实际行动向您证明。

再次致以我最诚挚的谢意！

此致

敬礼

求职人：×××

×年×月×日

4.2 编 辑 文 档

本节将学习打开已存入磁盘的文档，并对文档进行基本的编辑。

【任务4.2】编辑"导游求职信"

将4.1节中输入的"导游求职信"进行编辑。要求标题为楷体小二号并居中，正文为宋体小四号，在整页中每行字数和行间距适当，效果如图4-8所示。

任务分析

要对求职信进行编辑，首先要打开已保存的磁盘文件"求职信"，按照任务4.2的要求，设置标题的字体、字号和位置，设置正文的字体、字号，调整行的字数，改变段落的行距等，最后把编辑好的软件存盘。

求 职 信

尊敬的贵公司领导：

您好！非常感谢您在百忙中抽空审阅我的求职信，给予我毛遂自荐的机会。作为一名导游专业的应届毕业生，我非常热爱自己的专业，并愿意为其投入极大的热情和精力。在几年的学习生活中，我系统地学习了有关导游的专业知识，通过实习积累了比较丰富的工作经验。

我家住黄山脚下，东邻徽州（歙县），西靠婺县，是旅游胜地。从小领略祖国的锦绣河山，我非常热爱旅游事业。在校期间，积极向上、奋发进取，注重提高自己的综合素质。曾担任校学生会主席和团委书记等职，工作中勤勤恳恳，认真负责，多次被评为"优秀学生干部"，学习成绩优秀，连续三年获得一等奖学金，并被评为学校优秀毕业生。

做学生工作让我积累了宝贵的工作经验，使我学会思考，学会做人，锻炼了组织能力和沟通协调能力，培养了关心集体、吃苦耐劳、乐于奉献的精神。我已经做好了充分准备，愿意为贵公司辉煌的将来而贡献、拼搏！

感谢您在百忙之中给予我的关注，愿贵公司事业蒸蒸日上，屡创佳绩！

殷切盼望您的佳音，谢谢！

联系电话：×××××××××××

E-mail：×××@sina.com

此致

敬礼

应聘人：王圩

2014年6月

图4-8 编辑后的求职信

1. 打开文档

对于已保存在磁盘中的文档，再想对其进行编辑时，就需要打开文档。所谓"打开文档"，就是在屏幕上开辟一个文档窗口，将文档从磁盘读入计算机内存中，并将文档内容显示在文档窗口中。

1）打开最近使用过的文档

（1）启动 Word。

（2）如果需要打开的文档是最近使用过的，可以选择"文件"→"文件"→"最近所用文件"命令，单击需要的文件名，即可打开文档，如图 4-9 所示。

2）使用"打开"命令打开文档

（1）选择"文件"→"打开"命令，弹出图 4-10 所示的"打开"对话框。

（2）选择"计算机"的磁盘，如"新加卷（D:）"，再选择"名称"中的文件夹或文件，如选择文件夹"求职信"。

（3）选中文件名"王圩求职信"，单击"打开"按钮，如图 4-11 所示。

图 4-9　"文件"菜单

图 4-10　"打开"对话框

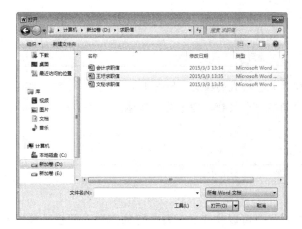

图 4-11　选择文件名

2．标题居中

将光标定位在"求职信"所在行，选择"开始""→"居中"命令，"求职信"三个字便移到了中间的位置。

　　　对齐方式还有"左对齐"▥、"右对齐"▥和"两端对齐"▥。输入正文时，单击"两端对齐"按钮，光标自动移到该行的第一个位置，等待输入。如果需要标明文章的书写日期或签名，会用到"右对齐"按钮。常用的是"居中"和"两端对齐"。

3．选择字体和字号

一般标题和正文用不同的字体和字号，是为了能区分标题和正文，使标题突出。

选择字体和字号可以在输入文字前，也可以在输入文字后。如果在输入文字后必须先选中文字，如改变标题"求职信"的字体为"楷体"，字号为"小二"，操作步骤如下：

（1）选中"求职信"3个字。

（2）单击"字体"下拉按钮，打开图 4-12 所示的下拉列表框，选择其中"楷体"，已选中的文字即变成了选中的字体。

（3）单击"字号"下拉按钮，打开图 4-13 所示的下拉列表框，选择其中的"小二"，已选中的文字即变成了选中的字号大小。

正文可以选择"小四"号"宋体"。

　　　图 4-12　"字体"下拉列表框　　　　　　图 4-13　"字号"下拉列表框

　　　还有几个设置文字格式的按钮，如图 4-14 所示，单击它们中的某一个按钮，即可美化字体。

图 4-14　设置文字按钮

4．段落缩进

在编辑过程中，根据需要可以改变文章每一行的字数，调整段落与页边的距离，使版面更美观。

用标尺设置的方法调整段落与页边的距离比较简单，而且直观。

1）显示标尺

如果 Word 窗口中没有标尺，需要先单击"视图"命令，在"视图"选项卡中选择"标尺"复选框，窗口中立刻会出现屏幕标尺，如图 4-15 所示。

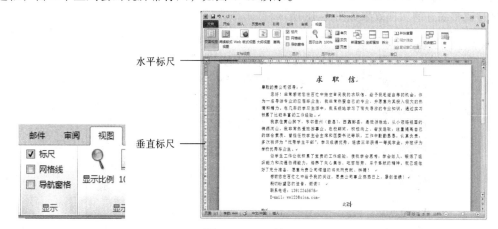

图 4-15　显示标尺

标尺上有几个标记，如图 4-16 所示。

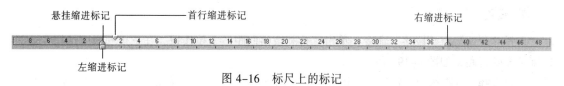

图 4-16　标尺上的标记

2）首行缩进

选中正文后，把鼠标指针放在"首行缩进标记"上，拖动鼠标到"2"的位置，然后释放鼠标，结果如图 4-17 所示。

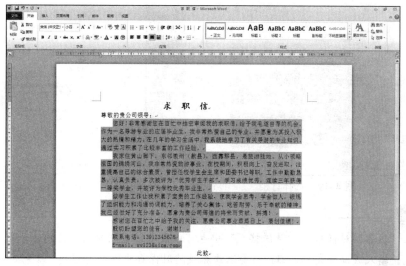

图 4-17　首行缩进

3）左缩进

选中正文后，把鼠标指针放在"左缩进标记"上，拖动鼠标到"0"的位置，然后释放鼠标。

4）右缩进

选中正文后，把鼠标指针放在"右缩进标记"上，拖动鼠标到"43"的位置，然后释放鼠标。

经过调整缩进的文档效果如图 4-18 所示。

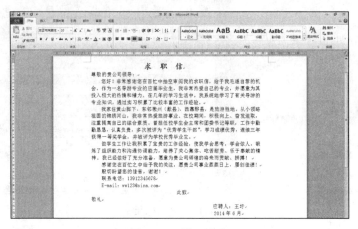

图 4-18　设置缩进

5. 设置行距

选择"开始"→"段落"命令，单击"行和段落间距"下拉按钮，在下拉列表中选择合适的数字可改变行距，如图 4-19 所示。

如果选择"行距选项"命令，弹出"段落"对话框，选择行距后单击"确定"按钮，如图 4-20 所示。

图 4-19　选择行距　　　　　　　　　　　　　图 4-20　"段落"对话框

> **温馨提示**
>
> 在"段落"对话框的"特殊格式"中也可以设置缩进精确值及段前、段后间距等。
>
> 无论输入或编辑文档，都特别要注意养成随时保存文件的好习惯，以免误操作或断电造成文档丢失。

**归纳总结**

本节主要学习了以下内容：

（1）打开已存入磁盘的文档。

（2）编辑文档。

● 标题居中。

● 改变字体、字号。

● 使用标尺调整行的字数。

● 改变段落的行距。

拓展知识

1. 设置列出的最近所用文件数目

Word 2010 可以自己设定"最近所用文件"的数目，操作步骤如下：

（1）选择"文件"→"帮助"→"选项"命令，弹出"Word 选项"对话框。

（2）选择"高级"选项卡，在"显示"包含的内容中单击"显示此数目的'最近使用的文档'"栏右侧的微调按钮，改变文件数目，如图 4-21 所示，设好数目后单击"确定"按钮。

这样设定后，"文件"菜单中就会按设定的数目显示最近使用的文件。

图 4-21 "Word 选项"对话框

2. 自动保存

Word 2010 提供了自动保存功能，通过"自动保存"可以自己设置时间间隔。从 Word 启动开始，每隔一定时间，就自动保存文件，这样就不用担心数据会丢失。

自动保存的操作步骤如下：

（1）选择"文件"→"另存为"命令，弹出"另存为"对话框。

（2）单击"工具"按钮，打开"工具"下拉列表，如图 4-22 所示。

图 4-22 "另存为"对话框

（3）选择"保存选项"命令，弹出图 4-23 所示的对话框。

图 4-23 "Word 选框"对话框

（4）选中"保存自动恢复信息时间间隔"复选框，并在"分钟"微调框中输入自动保存的时间间隔数 10 分钟（Word 的默认设置时间间隔为 10 分钟）。

（5）单击"确定"按钮。

这样，每隔 10 分钟系统就会自动对文档作一次备份，即使遇到停电、死机等突发情况，损失的也只是近 10 分钟修改的部分。

自主练习

启动 Word 2010，打开已存入磁盘的"求职信"，按照规范要求和喜好编辑求职信。

4.3 设计电子报刊

【任务 4.3】设计电子报刊"泰山风光"的版面

我国有许多名山，庐山、黄山、峨眉山美如仙境，五岳劈地摩天，气冠群伦，东岳泰山之雄，西岳华山之险，北岳恒山之幽，中岳嵩山之峻，南岳衡山之秀世界瞩目，"诗经"曾对五岳有"泰山岩岩，鲁邦所瞻""嵩高维岳，骏极于天"等赞美诗句。本任务介绍制作图 4-24 所示的电子报刊"泰山风光"，领略东岳泰山之雄。

图 4-24　电子报刊"泰山风光"

任务分析

若用电子报刊的形式表达图文信息，首先要构思本期报刊所要表达的主题，考虑选择哪些相关的内容能贴切主题，然后需要搜集包括文字、图片的素材，在挑选素材后再设计报刊的版面，这就是制作报刊前不可缺少的准备工作。

动手实践

1. 确定主题，选择内容

制作电子报刊，首先要选好报刊的主题，一般应该选与我们的学习和生活息息相关的主题，像大家关注的学校组织的活动、学习中疑难问题的讨论、社会热点问题等，也可以从个人兴趣出发确定主题，搜集相关资料，或者结合自己所学的专业、毕业去向确定主题。无论选择的主题和内容是不是自己所熟悉的，从确定主题开始，到完成电子报刊作品，只要一步步认真去做，都会使自己在这个学习过程中有很多收获。下面提供几个报刊主题供参考：

（1）我的……（新同学、新老师、新班级、新学校等）。

（2）家乡的四季。

（3）灌篮高手（介绍一名著名的篮球运动员。如姚明、乔丹）。

（4）民族音乐殿堂（如以一首民乐《春江花月夜》为主题进行较为详尽的介绍）。

（5）音乐时空（古典音乐、流行音乐）。

（6）绘画博览（介绍若干幅著名的绘画作品，主题要保持一致，如以油画为主，或以国画为主）。

（7）航空史话（军用战机、民用飞机、航天史的发展）。

（8）汽车发展史话。

（9）动物世界（如中国珍稀野生动物，大熊猫、东北虎、白鳍豚、扬子鳄等）。

（10）计算机病毒史话（简单介绍计算机病毒的发展历史，如什么是计算机病毒，计算机病毒的种类、特点、传播方式及其途径、危害、预防等）。

本节制作的电子报刊确定的主题是"泰山风光"，有关泰山的话题很多，考虑到是第一期，初定的内容可以是介绍泰山有名的几个景点，登载一篇写泰山的文章、一些风景图片、古人赞美泰山的诗句。由于泰山景点太多，不可能一一介绍，还可以提供一张泰山的里程表，既能了解泰山有多少有名景点，又能知道各景点的高度和路程。总之，选择的内容应该能够充分表现和突出主题。

2. 搜集素材，设计版面

搜集素材，包括搜集文字和图片等。搜集的渠道很多，可以在网上下载，可以从报刊和书籍中摘抄，也可以自己撰写、拍摄等。特别注意如果使用别人的资料作素材，先要确认是否允许使用，对允许使用的资料必须注明出处，遵守有关知识产权的法规。一般搜集的素材要比实际使用的多一些，便于比对筛选和在排版时选用。

素材准备得充分，在设计版面时就能把最初思考的内容很快确定下来。如"泰山风光"的版面内容为简介泰山、泰山的最高峰玉皇顶、一篇冯骥才写的文章《挑山工》、一些风景图片和杜甫的名诗《望岳》以及泰山的里程表。

设计电子报刊的版面，就是将需要放在报刊上的所有内容组合在一起，构思整体布局，对每个版面能够做到主题突出，内容新颖，图文并茂，赏心悦目，达到形式和内容的统一，思想和艺术的统一。

设计电子报刊"泰山风光"的版面布局可以有很多种，使用同样的素材也可以有不同的版面布局，如图 4-25～图 4-27 所示是电子报刊"泰山风光"的 3 种不同版面布局，以供参考。

  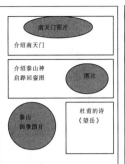 

图 4-25　版面布局 1

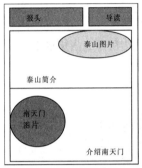   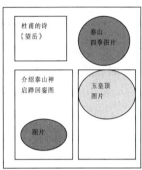

图 4-26　版面布局 2

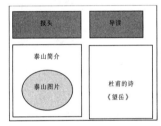   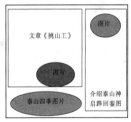

图 4-27　版面布局 3

以图 4-25 版面布局 1 为例，可以在纸上设计，也可以使用"画图"软件制作，或者使用 Word 2010 中的绘图工具绘制。

应用 Word 2010 绘图工具绘制版面布局的操作步骤如下：

1）设计版面内容

（1）选择"插入"→"形状"命令，在弹出的下拉列表框中选择合适的绘图工具，如图 4-28 所示。

（2）单击"矩形"图标 □，鼠标指针变成十字形，在工作区中拖动鼠标画出报刊的第一个版面。

（3）单击"矩形"图标 □，在第一个版面中绘制一个矩形。

（4）选中矩形，在"绘图工具"选项卡中选择适合的形状格式，如图 4-29 所示。

（5）单击"形状轮廓"下拉按钮，在弹出的列表框中选择颜色，如图 4-30 所示。

（6）单击"形状填充"下拉按钮，在弹出的列表框中选择颜色，如图 4-31 所示。

图 4-28　绘图工具　　　　　　　　　　　　图 4-29　"形状样式"组

（7）右击矩形，在弹出的快捷菜单中选择"添加文字"命令，如图 4-32 所示，当矩形中出现光标时，便可以输入文字，如输入"报头"。

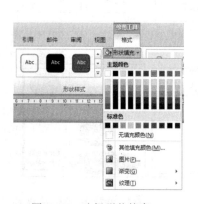

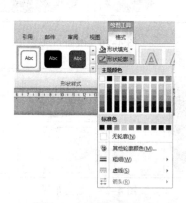

图 4-30　选择形状轮廓　　　　　图 4-31　选择形状填充　　　　图 4-32　在矩形框中输入文字

知识窗——改变自选图形的大小和移动位置

　　单击画出的矩形，称作选中矩形。被选中的矩形的边框上会出现 4 个圆点和 4 个方块，称为控制点。将鼠标指针移到某个控制点上，指针会变成双向箭头的形状 ↔，这时，按下鼠标左键并拖动鼠标可以改变矩形的大小，直到矩形的大小达到要求再释放鼠标左键。这种方法适用于对矩形尺寸精度要求不高的情况，例如绘制报刊版面布局。

　　被选中矩形的上边框中间控制点的上方还有一个绿圆点是转向控制点。当鼠标指针移到转向控制点上，按下鼠标左键并拖动鼠标可以改变矩形的方向。

　　将鼠标指针移到矩形上，鼠标指针变成移动形状 ↔，这时，按下鼠标左键并拖动鼠标可以移动矩形的位置。

　　对不需要的自选图形，选中后单击"剪切"按钮或按【Delete】键，可以将其删除。

　　图形有默认颜色，根据需要可以选择不同的形状填充、形状轮廓和形状效果。

　　选中图形后，也可以单击"绘图工具"选项卡中的"选择形状或线条样式"按钮，改变图形边框线的颜色或填充颜色。

　　在版面中，为了区别文字和图片位置，可以选用椭圆图形表示图片位置，操作方法与矩形类似。

2）组合自选图形

当整页版面布局完成后，会发现已经放好位置的图形有时会"跑"到别处，需要固定位置，操作步骤如下：

（1）按住【Shift】键，用鼠标选中页面中的所有图形，如图 4-33 所示。

（2）选择"页面布局"→"排列"→"组合"命令，弹出图 4-34 所示的列表框。

（3）选择"组合"命令，在版面中的所有被选中图形便组合成一个图形。

图 4-33　选中所有图形

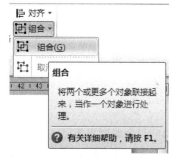

图 4-34　"组合"列表框

　　如果组合图形后想对单个图形修改，选中已组合的图形，选择"组合"→"取消组合"命令，即恢复回组合前的状态。

（4）仿照设计第 1 个版面的方法和步骤，将第 2、3、4 个版面设计完成。

（5）保存制作好的版面布局文件。

归纳总结

本节主要学习了以下内容：

（1）确定报刊主题。

（2）选择贴切内容。

（3）搜集相关素材。

（4）设计版面布局。

（5）插入不同形状的图形制作版面布局图。

拓展知识

设置页面

如果设计的版面布局是横排，可以设置页面，操作步骤如下：

（1）选择"页面布局"→"纸张方向"按钮，如图4-35所示。

（2）选择"横向"命令。

此时，窗口中的页面即被设置成横向。

自主练习

图4-35 "纸张方向"按钮

确定一个电子报刊主题，选择能突出主题的内容，搜集相关素材，建立 Word 文档，设计报刊的版面，并保存文档。

4.4 插入图片和文本框

【任务4.4】制作报头和导读栏

应用 Word 2010 制作电子报刊，首先制作报头、导读栏等，可以使用多种方法制作和美化报头，以图文并茂吸引读者。

本任务制作电子报刊"泰山风光"的报头和导读栏。

任务分析

电子报刊的报头要突出主题，文字应该醒目，而且图文并茂才能吸引人，因此需要插入图片、艺术字等美化报头。导读要以每一页中的重点引导读者。一般报刊还应该注明出版日期、作者等。

动手实践

1. 制作报头

1）插入"泰山"图片

（1）启动 Word 2010，创建一个新文档。

（2）选择"插入"→"图片"命令，弹出"插入图片"对话框，如图4-36所示。

（3）找到图片存放的位置，例如 E 盘中的"images"文件夹，选中其中的"东岳泰山"图片后，单击"插入"按钮，"泰山"图片就显示在文档的第一页上。

（4）选中图片，用鼠标拖动控制点（图片的控制点是方块或圆点），将图片缩放到合适的大小。

2）插入艺术字"泰山风光"

（1）选择"插入"→"艺术字"命令，弹出图4-37所示的"艺术字"列表框。

（2）单击其中的一个样式后，弹出图4-38所示的"编辑艺术字文字"对话框。

图 4-36　"插入图片"对话框

图 4-37　"艺术字"列表框

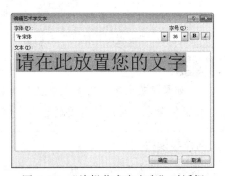

图 4-38　"编辑艺术字文字"对话框

（3）输入"泰山风光"，"字体"选择"黑体"，"字号"选择"60"，选择"加粗"后单击"确定"按钮，"泰山风光"四个艺术字出现在"泰山"图片上面，如图 4-39 所示。

3）组合图文

如果插入的艺术字被图片遮挡，可用如下方法处理：

（1）右击"泰山风光"艺术字，在弹出的快捷菜单中选择"设置艺术字格式"命令，如图 4-40 所示。

图 4-39　插入的图片和艺术字

图 4-40　选择"设置艺术字格式"命令

（2）在弹出的"设置图片格式"对话框（见图 4-41）中选择"版式"选项卡，选择"浮于文字上方"选项，"泰山风光"艺术字即显示在"泰山"图片的上面，效果如图 4-42 所示。

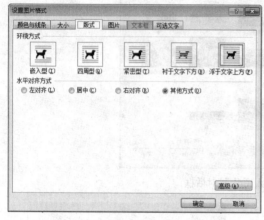

图 4-41　"设置图片格式"对话框　　　　　　　图 4-42　"泰山风光"报头

　　如果"艺术字"列表框中显示的是不同颜色的大写"A"，可以选择"文本效果"→"转换"命令，再选择需要的艺术字样式。

2．制作导读栏

（1）选择"插入"→"形状"→"棱台"命令，如图 4-43 所示。

（2）在"泰山风光"报头右侧画出大小合适的棱台（参照设计好的版面）。

（3）设置棱台的填充颜色为"浅绿"，在棱台中添加如下文字，并将文字改变为粉红色和蓝色：

第 1 版：玉皇顶

第 2 版：挑山工

第 3 版：景与诗

第 4 版：里程表

（4）在棱台中插入艺术字"本期导读"，文字为 36 号、红色、宋体。

3．注明日期和作者

（1）选择"插入"→"形状"→"棱台"命令，按住鼠标左键

图 4-43　选择"棱台"命令

拖动鼠标在"泰山风光"报头下方画出一个矩形文本框，在其中输入日期、星期、第几期、主办人等。

（2）设置文本框填充颜色为浅青绿色，将文本框中的文字颜色设为红色。

完成的报头和导读栏效果如图 4-44 所示。

图 4-44　报头和导读栏

完成了任务，保存文档，文件名是"泰山风光"。

归纳总结

本节主要学习了以下内容：

（1）插入图片和艺术字。

（2）使用形状图形。

拓展知识

给文档加密

如果使用的是公用计算机，不想让别人看到自己的文档，可以给文档加密。操作步骤如下：

（1）选择"文件"→"信息"命令，如图 4-45 所示。

（2）单击"保护文档"下拉按钮，弹出"保护文档"选项，如图 4-46 所示。

图 4-45　选择"信息"命令

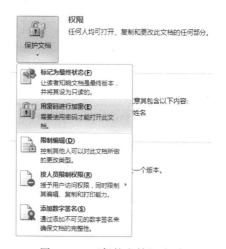

图 4-46　"保护文档"选项

根据需要可以选择不同的保护文档方式。例如，若只允许别人阅读文档，但不能修改，可以选择"标记为最终状态"选项，将文档设置为"只读"文档。若不想让别人打开文档，可以选择"用密码进行加密"选项，在"加密文档"对话框（见图 4-47）中输入密码后单击"确定"按钮，再在"确认密码"对话框（见图 4-48）中输入密码后单击"确定"按钮。

图 4-47 "加密文档"对话框   图 4-48   "确认密码"对话框

以后打开此文档时必须输入密码，所以一定要记住所设置的密码。

自主练习

自拟主题，设计、制作和美化与主题和谐的报头和导读栏，并注明出版日期、作者等。参考报头如图 4-49 所示。

（a）

（b）

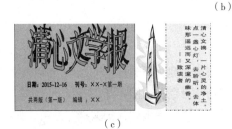

（c）

（d）

图 4-49 参考报头

4.5 编辑文字和图片

【任务 4.5】编辑"泰山风光"报刊中的文字和图片

将筛选好的素材（包括文字和图片）分别输入到设计好的相应版面中并进行编辑。

任务分析

在报刊的版面中放置文字和图片，首先打开已建立的报刊文档，文字无论是自己撰写还是摘抄的，在输入过程中都可能遇到剪切、复制和粘贴等操作。设置文字和图片在版面中的位置，要注意考虑整体版面的美观。

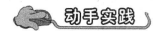

1. 输入下面介绍泰山的文字

> 　　泰山，位于山东省中部，泰安市之北，为我国五岳之东岳。古以东方为万物交替，初春发生之地，故泰山有"五岳之长""五岳独尊"之誉。早在夏、商时代，就有七十二个君王来泰山会诸侯，定大位，刻石记号。
>
> 　　秦始皇统一中国封禅泰山后，汉代武帝、光武帝，唐代高宗、玄宗，宋代真宗，清代康熙、乾隆等也都相继仿效来泰山举行封禅大典，所到之处，建庙塑像，刻石题字，为泰山留下了大量的文物古迹。历代著名的文人学士，也都慕名相继来此，赞颂泰山的诗词，歌赋多达一千余首。杜甫的《望岳》一诗："会当凌绝顶，一览众山小"已成为流传千古的名句。
>
> 　　泰山同时又是佛、道两教之地，因而庙宇、名胜遍布全山。因此泰山不仅有雄奇壮丽的山势，而且有众多的文物古迹，也是一座道教名山。山顶更有四大奇观：旭日东升，晚霞夕照，黄河金带，云海玉盘，实乃一处名冠世界的文物宝库和游览胜地。1987年底，世界保护自然与文化资源委员会已将泰山列入《世界遗产名录》。

　　如果报刊中使用的文字是自己撰写或从报刊或书籍中摘抄的，需要使用键盘输入，就要先选择中文输入法后再操作键盘。

　　如果是从网上下载的文字，可以将文字选中，如图 4-50 所示，再进行"复制""粘贴"，文字就被粘贴在文档中，如图 4-51 所示。

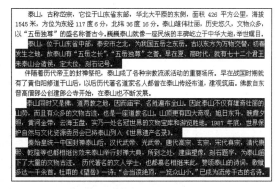

图 4-50　在网上选中的文字　　　　图 4-51　粘贴在报刊上的文字

温馨提示

　　按住【Ctrl】键，拖动鼠标可以隔行选中。

2. 编辑文字

1）首字下沉

（1）选中第 1 段的第 1 个字"泰"，选择"插入"→"首字下沉"命令，打开"首字下沉"下拉列表，如图 4-52 所示。

（2）选择"下沉"命令，"首字下沉"效果如图 4-53 所示。

图 4-52 "首字下沉"下拉列表

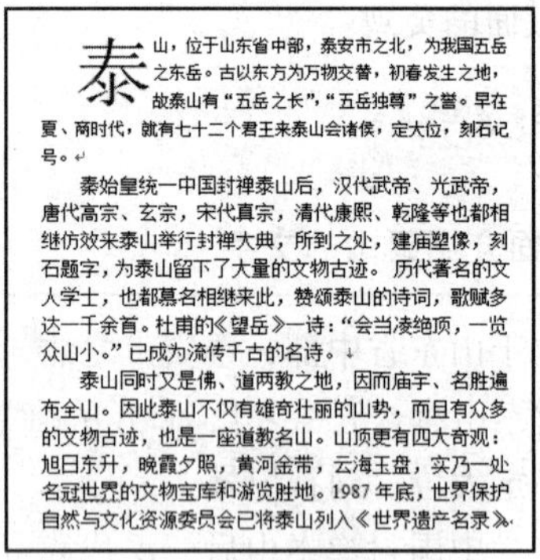

图 4-53 "首字下沉"效果

2）设置标题字体

设置标题"挑山工"，字体为"华文彩云"，字号为"一号"。选中"挑山工"，选择绿色。也可以使用艺术字作标题，例如用艺术字设置标题"玉皇顶"。

3）给文章分栏

"挑山工"一文篇幅较长，占报刊的一整页，为了看时方便且版面美观，可以将文章分栏。

操作步骤如下：

（1）将光标插入点放在第一个文字的左边。

（2）选择"页面布局"→"分栏"命令，弹出"分栏"下拉列表，如图 4-54 所示。

（3）选择"三栏"，"挑山工"全文被分成三栏，如图 4-55 所示。

图 4-54 "分栏"下拉列表

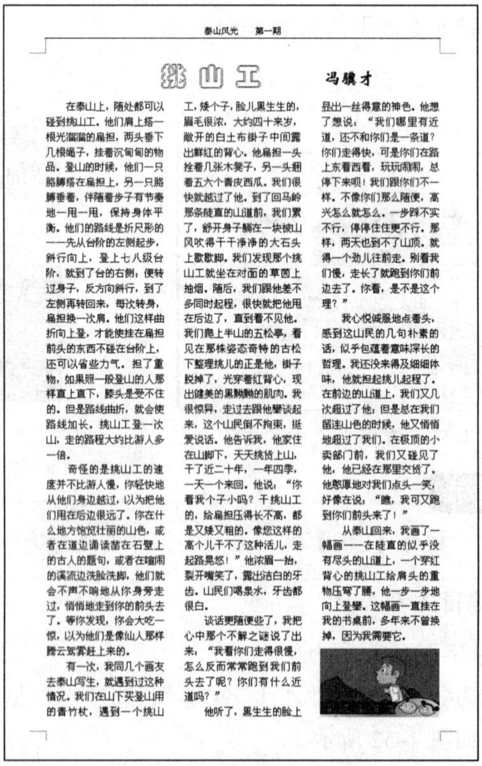

图 4-55 分栏效果

温馨提示

如果分栏要求比较精细，可以使用菜单命令，操作步骤如下：

（1）选择"格式"→"分栏"命令，弹出"分栏"对话框，如图 4-56 所示。

图 4-56　"分栏"对话框

（2）设置"栏数""宽度"和"间距"等，单击"确定"按钮。

4）插入背景图片

为"挑山工"全文添加一张背景图片，操作步骤如下：

（1）在"挑山工"文章所在的页面中选择"页面布局"→"水印"→"自定义水印"命令，如图 4-57 所示。

（2）在弹出的"水印"对话框中选择"图片水印"单选按钮和"冲蚀"复选框，如图 4-58 所示。

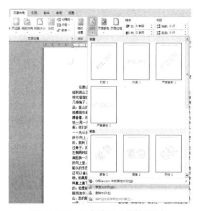

图 4-57　"水印"下拉列表

图 4-58　"水印"对话框

（3）单击"选择图片"按钮，弹出"插入图片"对话框，如图 4-59 所示。

（4）选中图片单击"插入"按钮，图片显示在文字下面。

（5）利用图片控制点放缩图片，使图片大小适当。

5）显示古诗

文字在报刊中的表现方式有许多种。为了效果更接近古诗卷，可以将古诗用书卷的形式来显示。操作步骤如下：

（1）选择"插入"→"形状"→"星与旗帜"→"竖卷形"命令，如图 4-60 所示，在"泰山风光"报第 3 版的右下角画出大小合适的竖卷形。

（2）设置竖卷形的形状填充颜色，并在竖卷形上"添加文字"，输入古诗"望月"，如图 4-61 所示。

图 4-59 "插入图片"对话框　　　　图 4-60 插入"竖卷形"　　　　图 4-61 古诗

归纳总结

本节主要学习了以下内容：

（1）首字下沉。

（2）设置标题。

（3）分栏。

（4）添加背景图片。

美化电子报刊中的文字和图片，要根据每个页面的内容和特点进行不同的编辑。

拓展知识

设置图片文字环绕方式

在 Word 文档中插入的图片初为"嵌入型"，不能自由移动。通过设置图片文字环绕方式可以随意移动图片的位置。

操作步骤如下：

（1）选中"挑山工"一文所在版面的图片。

（2）选择"格式"→"自动换行"命令，如图 4-62 所示。

图 4-62 "自动换行"下拉列表

（3）在"自动换行"下拉列表中选择一种文字环绕方式，选中的图片即可自由移动。

温馨提示

改变 Word 文档图片的文字环绕方式，还可以在"图片工具"|"格式"选项卡中单击"位置"下拉按钮，在"位置"下拉列表中选择一种文字环绕方式，同样能使图片自由移动。

自主练习

完成"泰山风光"电子报刊的第 1、2、3 版。

4.6 制作表格

【任务 4.6】制作"泰山里程表"

制作包括表头在内的 30 行 4 列的表格，输入"泰山里程表"的内容，并计算其中的台阶数和里程数（见图 4-63）。

泰山里程表

区 间	台 阶	路 程（米）	海 拔（米）
岱庙后载门至岱宗坊	无	474	150～165
岱宗坊至关帝庙	无	1020.3	165～230
关帝庙至红门宫	128	190.5	230～250
红门宫至万仙楼	61	390.3	250～270
万仙楼至烈士碑	40	118.3	270～285
烈士碑至斗母宫	236	783.2	285～360
斗母宫至经石峪路口	208	294.3	360～410
经石峪路口至东西桥	163	533.6	410～480
东西桥至泰安纪念碑	273	464.2	480～520
泰安纪念碑至四槐树	91	347.9	520～630
四槐树至壶天阁	221	205.9	630～650
壶天阁至药王殿	283	197.8	650～710
药王殿至步天桥	35	83.1	710～715
步天桥至中天门	660	381	715～840
中天门至公路南首	65	47.1	840～805
公路南首至北首	无	264	805～800
公路北首至斩云剑	207	216.5	800～870
斩云剑至云步桥	263	109	870～920
云步桥至五松亭	154	188.9	920～940
五松亭至朝阳洞	385	498	940～980
朝阳洞至对松亭	579	315	980～1130
对松亭至龙门坊	462	300	1130～1180
龙山坊至昇仙坊	701	150	1180～1300
昇仙坊至南天门	480	542	1300～1420
南天门至碧霞祠	324	160.3	1420～1470
碧霞祠至唐摩崖	96	62.4	1470～1480
唐摩崖至青帝宫	82	106.6	1480～1490
青帝宫至玉皇顶	169	494.5	1490～1524
合 计	6306	8938.7	

图 4-63　泰山里程表

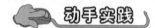任务分析

表格一般都应有标题、表头和填写内容。制作"泰山里程表"的标题与制作电子报刊的报头类似，图文结合比较美观，整张表格可以按照报刊的整体风格美化。

动手实践

1．创建表格

（1）选择"插入"→"表格"命令，打开表格列表框，如图 4-64 所示。

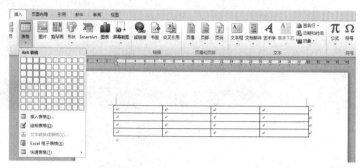

图 4-64　"表格"下拉列表

（2）拖动鼠标指针选择行列数，随着鼠标的移动，表格示意框上面显示表格的行列数，如"4×4表格"，同时在文档中显示一个 4 行 4 列的表格，如图 4-64 所示。

> **温馨提示**
>
> 用同样的方法可以得到 30 行 4 列的表格。

2．编辑表格

1）插入行、列和单元格

创建表格后，经常会发现行数或列数不够，例如需要 30 行的表格目前只有 4 行，可以重新创建，也可以直接插入行、列或单元格，例如在第 2 行下面插入行。

（1）将插入点移到表格第 2 行的任一个单元格中（表格中的每一个小方块称为一个单元格）。

（2）右击，弹出快捷菜单，选择"插入"命令，如图 4-65 所示。

（3）在"插入"子菜单中选择"在下方插入行"命令，即在第 2 行下面插入一行。

图 4-65　"插入"子菜单

> **温馨提示**
>
> 插入列和单元格的方法与插入行类似。

2）删除行、列、单元格以及整个表格

有时表格中的行、列或单元格多了，需要删除，例如删除第
3 行。

图 4-66 "删除单元格"对话框

（1）将插入点移到表格第 3 行的任一个单元格中。

（2）右键，弹出快捷菜单，选择"删除单元格"命令。

（3）在弹出的"删除单元格"对话框中，选择"删除整行"，
如图 4-66 所示。

（4）单击"确定"按钮，第 3 行即被删除。

删除列、单元格和整个表格的方法与删除行的方法类似。

知识窗 —— 选中行、列、单元格或整个表格 ——

先选中行、列或单元格，也可以插入新的行、列、单元格或删除多余的行、列、单
元格。例如选中第 3 行，就是将鼠标指针移到第 3 行的左边界外，鼠标指针变成白色箭
头状，单击，第 3 行变成黑色，表示被选中，如图 4-67 所示。

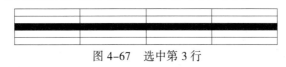

图 4-67 选中第 3 行

选中某一列：将鼠标指针移到此列的上边界外，鼠标指针变成黑色箭头状，单击，
此列变成黑色，表示被选中。

选中某一单元格：将鼠标指针移到此单元格的左边界外，鼠标指针变成黑色箭头状，
单击，此单元格变成黑色，表示被选中。

选中整个表格：将鼠标指针移到表格的左上角，当出现一个内嵌十字箭头的小方
块田时，将鼠标指针移到这个小方块上，单击，整个表格全部变成黑色，表示被全部
选中。

3）改变表格的列宽和行高

如果对表格的列宽和行高的精确度要求不高，可以用拖动鼠标的方法改变列宽和行高。例如
改变列宽的操作步骤如下：

（1）将鼠标指针移到某条垂直的表格框线上，使得指针变成双箭头的形状。

（2）单击，并左右拖动鼠标，会出现一条虚线随着指针一起移动。

（3）释放鼠标，框线停留在新位置，列宽被改变。

4）调整表格的列宽和行高

在改变列宽或行高后，如果想使整个表格中的列或行均匀分布，就需要再进行调整。调整行
高的操作步骤如下：

（1）选中整个表格，右击，弹出快捷菜单，如图 4-68 所示。

（2）选择"平均分布各行"命令，整个表格每一行的高度都变得相等。

如果选择快捷菜单中的"自动调整"命令，其中有"根据内容调整表格""根据窗口调整表格"
和"固定列宽"三个命令，可以自动调整表格的行高度和列宽度，如图 4-69 所示。

图 4-68　快捷菜单　　　　　　　图 4-69　自动调整表格

知识窗——调整列宽和行高

如果对表格的列宽和行高的精确度要求比较高，可以使用对话框设置列宽和行高。设置列宽的操作步骤如下：

（1）选中要改变列宽的列。

（2）右击，在如图 4-68 所示的快捷菜单中选择"表格属性"命令。

（3）弹出"表格属性"对话框，选择"列"选项卡，如图 4-70 所示。

图 4-70　"表格属性"对话框

（4）选中"指定宽度"复选框，使用微调按钮选择列的宽度值。

（5）单击"确定"按钮，选中列就按照设定的具体值改变了宽度。

温馨提示

调整行高的方法与调整列宽类似，不再赘述。

3. 在表格中输入文本

1）输入文字

（1）在表格第 2 行第 1 列的单元格中单击，然后输入文字"区间"。

（2）与步骤（1）类似，在表格第 2 行的其余单元格中顺序输入表头内容：台阶、路程（米）、海拔（米），然后输入其他内容。

—在表格中输入文字—

在表格中输入文字和在一般文档中输入文字的方法一样，每个单元格相互独立，一个单元格中的内容输入完毕，可以转入另一个单元格进行输入。

新创建的表格，在第一个单元格中有光标，即可直接输入文字，使用键盘上的方向键能控制光标移到其他单元格中。如果因调整表格看不到光标，在任一个单元格中单击，光标即会出现。

2）对齐表格中的内容

输入时会发现输入的内容都靠在单元格的左边，应该调整一下。

选择"插入"命令后，会发现在"文件"选项卡所在行出现了"表格工具"的"设计"和"布局"命令。操作步骤如下：

（1）选中整个表格。

（2）选择"布局"→"水平居中"命令，如图 4-71 所示，表格中所有的内容都在相应的单元格的中部居中对齐。

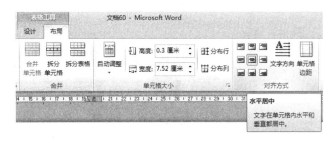

图 4-71 "水平居中"按钮

4．对表格中的数据进行计算

在 Word 中创建的表格，不仅可以往表格中输入文本，还能在表格中进行简单的计算。下面计算泰山各景点路程的总和：

（1）将光标插入点放在表格第 30 行第 3 列的单元格中。

（2）选择"布局"→"公式"命令，单击"公式"按钮，打开如图 4-72 所示的"公式"对话框。

图 4-72 "公式"对话框

（3）单击"确定"按钮，表格第 30 行第 3 列的单元格中就出现了路程的总和。

— 公式 —

"公式"对话框中"公式"栏的"=SUM（ABOVE）"是求和的计算公式，其中"SUM"是 Word 提供的求和函数，括号中的"ABOVE"表示对插入点上面的数字求和。如果括号中是"LEFT"表示对插入点左边的数字求和。

5．修饰表格

1）选择表格样式

（1）选中整个表格。

（2）在"设计"选项卡中展开"表格样式"列表框，如图 4-73 所示，可以根据需要选择。

（3）选择"修改表格样式"命令，弹出"修改样式"对话框，如图 4-74 所示。

（4）单击"样式基准"下拉按钮，选择其中的"竖列型 4"。

（5）单击"确定"按钮。

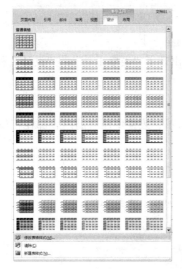

图 4-73 "表格样式"功能区

2）改变表头行背景颜色

（1）选中表头所在行。

（2）选择"设计"→"底纹"命令，弹出图 4-75 所示的"底纹"列表框。

图 4-74 "修改样式"对话框

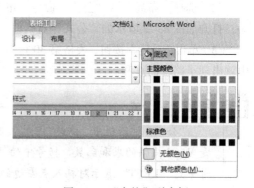

图 4-75 "底纹"列表框

（3）选择其中的"海绿"颜色，表头行背景变成海绿色。

（4）用同样的方法将第 30 行的背景也改变成海绿色。

　　　选择"布局"→"单元格大小"→"自动调整"命令同样可以对表格进行常用的调整。

3）在表格中插入图片

图 4-63 中表头显示的图像，是在表格中插入图片实现的。插入图片的操作步骤如下：

（1）选中表格第 1 行，选择"布局"→"合并单元格"命令，如图 4-76 所示，第 1 行便合并为一个单元格。

（2）选中合并后的单元格，选择"插入"→"图片"命令，弹出"插入图片"对话框。

图 4-76 "合并单元格"命令

（3）在对话框中选择图片后，单击"插入"按钮，图片即插入表格中。

归纳总结

本节主要学习了以下内容：

（1）创建表格。

（2）编辑表格。

（3）在表格中输入文本。

（4）在表格中进行计算。

（5）修饰表格。

（6）在表格中插入图片。

表格是一种结构清晰、简洁明了的表达信息的方式，学会如何在 Word 中创建、编辑、修饰表格以及在表格中实现一些简单的运算，会对今后的学习和工作有很大的帮助。

拓展知识

1. 合并单元格

合并单元格就是将几个单元格合并成一个，操作步骤如下：

（1）选中需要合并的单元格，如图 4-77 所示。

（2）选择"布局"→"合并单元格"命令，选中的几个单元格就变成一个单元格，如图 4-78 所示。

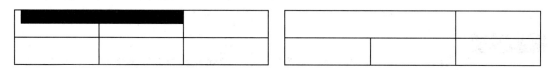

图 4-77　选中几个单元格　　　　　图 4-78　合并单元格

2．拆分单元格

拆分单元格就是将一个或几个单元格分成多个单元格，操作步骤如下：

（1）选中需要拆分的一个单元格（也可以是相邻的几个单元格），如图4-79所示。

（2）选择"布局"→"拆分单元格"命令，弹出"拆分单元格"对话框，如图4-80所示。

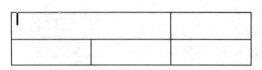

图4-79　选中一个单元格　　　　　　图4-80　"拆分单元格"对话框

（3）选择需要拆分的列数和行数，如3列2行。

（4）单击"确定"按钮，拆分效果如图4-81所示。

图4-81　拆分效果

3．在单元格中画斜线

（1）将光标插入点放在表格第1行第1列的单元格中。

（2）选择"设计"→"边框"命令，弹出图4-82所示的列表框。

（3）选择"斜下框线"命令，效果如图4-83所示。

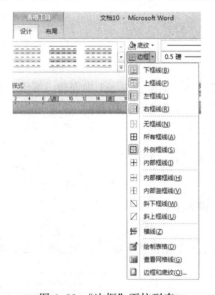

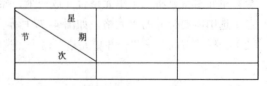

图4-82　"边框"下拉列表　　　　　　图4-83　插入斜线表头

温馨提示

　　在"设计"选项卡中有一个"擦除"按钮，单击此按钮即可擦除部分表格或表格的边框。

自主练习

（1）完成第 4 版的"泰山里程表"。

（2）绘制一张课程表，样式自行设计。图 4-84 所示是一个样例。

课　程　表

星期\节次	一	二	三	四	五
上　　午					
第一节	语文	数学	语文	外语	数学
第二节	外语	政治	历史	物理	地理
第三节	地理	外语	数学	化学	美术
第四节	政治	物理	生物	数学	外语
下　　午					
第五节	化学	作文	外语	语文	体育
第六节	历史		音乐	生物	

图 4-84　课程表

4.7　设置报刊页面

【任务 4.7】设置电子报刊"泰山风光"页面

为电子报刊"泰山风光"设置页边距、纸张，并添加页眉和页脚，插入超链接。

任务分析

电子报刊的每个页面根据反映的主题应有统一的风格，而且为了读者阅读方便，应有超链接。

动手实践

1．设置页边距

要使报刊的页面美观，需要在报刊的正文和页边界之间留出适当的距离，也就是要合理地设置页边距。操作步骤如下：

（1）选择"页面布局"→"页边距"命令，弹出"页边距"下拉列表，如图 4-85 所示。

（2）单击需要的图标，文档中的内容便按照相应的上下左右距离显示在页面中。

> **温馨提示**
>
> 在 Word 中，系统默认的是普通页边距，即上、下页边距是 2.54 cm，左、右页边距是 3.18 cm，如果认为不合适，可以选择其他图标或选择"自定义边距"命令。

2．设置纸张

在实际学习和工作中，经常需要用不同大小的纸张显示或打印文档，电子报刊也一样，需要

设置显示报刊的纸张。操作步骤如下：

（1）选择"页面布局"→"纸张大小"命令，弹出"纸张大小"下拉列表，如图4-86所示。

（2）单击需要的图标，文档中便按照相应的纸张大小显示在页面中。

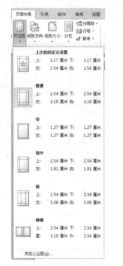

图4-85 "页边距"下拉列表　　　　　图4-86 "纸张大小"下拉列表

温馨提示

如果在"纸张大小"下拉列表中没有需要的纸张尺寸，可以选择"其他页面大小"命令，然后在"宽度"和"高度"栏中选择需要的尺寸。

3. 添加页眉和页脚

如果想在电子报刊的每一页上都显示报刊名称、第几版、共几版等信息，可以添加页眉和页脚，页眉在每页的顶部，页脚在每页的底部。

1）添加页眉

（1）选择"插入"→"页眉"命令，弹出"页眉"下拉列表，如图4-87所示。

（2）选择一种页眉样式，如单击"空白"，报刊中的文字和图片变为淡色，在报刊每一页顶部出现一条虚线和"键入文字"文本框，如图4-88所示。

图4-87 "页眉"下拉列表　　　　　图4-88 页眉样式显示

（3）在"键入文字"文本框中输入"泰山风光""第一期"。

2）添加页脚

（1）选择"插入"→"页脚"命令，弹出"页脚"下拉列表，如图4-89所示。

（2）选择一种页脚样式，如单击"空白"，在报刊每一页底部出现一条虚线和"键入文字"文本框，如图4-90所示。

图4-89 "页脚"下拉列表

图4-90 页脚的样式显示

（3）在"键入文字"框中输入"共4版"、"第1版"。

温馨提示

> 添加页眉和页脚之后，双击文档区域可以恢复文字和图片的原来状态，即回到编辑模式。
>
> 在页眉和页脚输入的信息只需要编辑一次，就能显示在所有的页面中，而且在每页相同的位置上。

3）删除页眉和页脚

添加页眉和页脚后，如果不满意，选择"页眉"（或"页脚"）下拉列表中的"删除页眉"（或"删除页脚"）命令，即可删除。

4．建立超链接

电子报刊"泰山风光"共有4版，将导读栏与相应的版面内容链接起来，阅读报刊会非常方便。

1）插入书签

（1）选中第1版中的"玉皇顶"，如图4-91所示。

（2）选择"插入"→"书签"命令，弹出"书签"对话框，如图4-92所示。

图4-91 选中"玉皇顶"

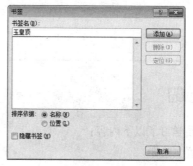

图4-92 "书签"对话框

（3）输入文本"玉皇顶"，单击"添加"按钮。

用同样方法，将第2版的"挑山工"、第3版的"南天门"、第4版的"里程表"添加为书签。

2）插入超链接

（1）选中"导读"栏中的"玉皇顶"，如图4-93所示。

（2）选择"插入"→"超链接"命令，弹出"插入超链接"对话框，如图4-94所示。

图4-93　选中"玉皇顶"

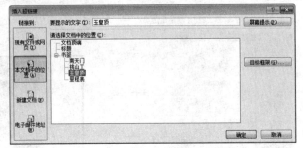

图4-94　"插入超链接"对话框

（3）在左侧"链接到"栏中选择"本文档中的位置"，然后在右侧"请选择文档中的位置"列表框中选择"玉皇顶"。

（4）单击"确定"按钮。

这时，在"导读"栏的"玉皇顶"3个字下面出现了下画线，将鼠标指针移到"玉皇顶"三个字上，按住【Ctrl】键，鼠标指针变成了表示链接点的小手状 🖑。单击链接点，即可看到介绍玉皇顶的短文。

用同样的方法将"导读"栏的"挑山工""景与诗""里程表"变为链接点。

知识窗———超链接————

　　在 Word 中有 4 种类型的超链接，除了在电子报刊"泰山风光"中用的链接到本文档中的位置外，还有链接到现有文件或网页、链接到新建文档和链接到电子邮件地址。

　　在建立了超链接后，将鼠标指针移到链接点上并右击，弹出图 4-95 所示的快捷菜单，可以应用其中的命令编辑、取消超链接等。

图4-95　超链接快捷菜单

归纳总结

本节主要学习了以下内容：

（1）设置页边距。

（2）设置纸张。

（3）添加页眉和页脚。

（4）建立超链接。

报刊要有与主题相符的页面设置风格，要让人喜闻乐见，便于阅读，这就需要设计者发挥聪明才智，精心构思和制作，力求完美。

创建不同的页眉和页脚

许多书籍、报刊的奇数页和偶数页的页眉和页脚不同，页码在页眉和页脚中的显示位置也不同，因此需要创建不同的页眉和页脚。例如为电子报刊"泰山风光"的奇偶页创建不同的页脚，操作步骤如下：

（1）在电子报刊"泰山风光"第 1 版的页脚处输入"第 1 版共 4 版"，如图 4-96 所示。

图 4-96　输入第 1 版的页脚

（2）在电子报刊"泰山风光"第 2 版的页脚处输入"共 4 版第 2 版"，如图 4-97 所示。

（3）选择"页眉和页脚"→"奇偶页不同"命令，如图 4-98 所示。

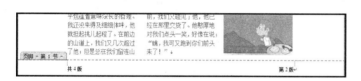

图 4-97　输入第 2 版的页脚　　　　图 4-98　选择"奇偶页不同"命令

自主练习

（1）完成电子报刊"泰山风光"的页面设置。

（2）按照自己的风格为求职信设置页面，并选择关键词链接到详细的介绍资料中。

4.8　发布和交流信息

【任务 4.8】发布和交流自己的电子报刊作品

用打印、转换成 Web 网页、发送电子邮件等方式发布并与他人交流自己的电子报刊作品。

任务分析

完成一份精美的电子报刊后，可以通过许多沟通渠道用不同的方法与别人交流和共享。本任务涉及比较常用的信息交流方式。

1．打印

打印是一种以书面形式表现信息的方式，要使打印出来的报刊和在屏幕上看到的一样精彩，需要做好打印前的准备工作。

1）打印预览

（1）打开电子报刊"泰山风光"。

（2）选择"文件"→"打印"命令，在打开的"打印"窗口右侧就会预览到电子报刊"泰山风光"，如图 4-99 所示。

图 4-99　"打印"窗口

温馨提示

　　在打印预览中如果发现有需要修改的地方，可以选择"文件"→"关闭"命令，重新回到编辑窗口，对文档进行编辑。

2）打印

选择"打印"→"打印"命令，如图 4-100 所示，即可从打印纸上看到精美的电子报刊。

温馨提示

　　如果对打印有要求，可以在"打印"的设置项中进行精确设置，达到打印目标。

2．转换成 Web 网页

在 Word 2010 中，可以很方便地将文档转换成 Web 网页，上传后，别人也会在网上看到。

（1）打开电子报刊"泰山风光"。

（2）选择"文件"→"另存为"命令，弹出"另存为"对话框，如图 4-101 所示。

图 4-100 "打印"窗口左侧

图 4-101 "另存为"对话框

（3）选择保存位置，确定保存类型，如"单个文件网页"，并输入文件名。

（4）单击"保存"按钮，电子报刊"泰山风光"便作为网页被保存了。

3. 合并电子邮件

（1）输入图 4-102 所示的文档，保存的文件名为"通知"。

（2）制作图 4-103 所示的表格，保存的文件名为"名单"。

图 4-102 通知或

姓 名	学习专业	电子邮箱
苏 航	汽车制造	suh@163.com
陈心仪	导游	chxy@126.com
黄祎明	财会	hym@qq.com
王志远	文秘	wzy@sina.com
彭 冉	工商管理	pengr@sohu.com
李 原	计算机	lyuan@yahoo.com

图 4-103 名单

（3）邮件合并。

① 打开"通知"文档。

② 选择"邮件"→"选择收件人"→"使用现有列表"命令，如图 4-104 所示。

③ 在弹出的"选取数据源"对话框中找到存"名单"文档的位置，选中"名单"，单击"打开"按钮，邮件被合并，如图 4-105 所示。

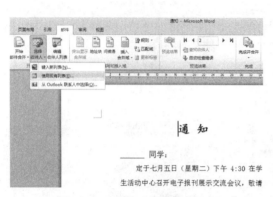

图 4-104 选择"使用现有列表"命令

图 4-105 "选取数据源"对话框

④ 选择"邮件"→"编辑收件人"命令，弹出"邮件合并收件人"对话框，如图 4-106 所示。

图 4-106 "邮件合并收件人"对话框

⑤ 选择收件人之后，单击"确定"按钮，即完成了邮件合并。

4．发送邮件

（1）选择"邮件"→"完成并合并"→"发送电子邮件"命令，如图 4-107 所示。

（2）在弹出的"合并到电子邮件"对话框中，收件人选择"电子邮箱"，填写主题行，选择发送记录后，单击"确定"按钮，如图 4-108 所示，"通知"文档就发送到收件人的邮箱中。

图 4-107 选择"发送电子邮件"命令

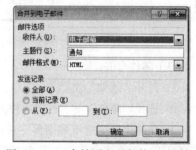

图 4-108 "合并到电子邮件"对话框

温馨提示

在"完成并合并"下拉列表中若选择"打印文档"命令，弹出"合并到打印机"对话框，选择"打印机记录"后，单击"确定"按钮，即可打印出不同姓名的通知。

归纳总结

本节主要学习了以下内容：

（1）打印作品。

（2）转换成 Web 网页。

（3）发送电子邮件。

展示电子报刊的形式很多，平时多动脑、多动手、多学习、多交流，对提高自己的能力必定有益。

自主练习

（1）将完成的电子报刊"泰山风光"以发送电子邮件的形式让朋友欣赏。

（2）把自己的求职信打印发给不同的公司和单位。

第 5 章

数据处理

在日常的工作和社会各类活动中，都会产生大量的数据。如公司企业的财务报表等。许多数据需要进行整理、计算、统计，并用这些数据说明一定的问题。

利用 Microsoft Office Excel 2010（以下简称 Excel 2010）可以十分方便地输入数据，并对数据进行存储、修改、编辑、统计、计算、打印等处理。

✌ 学习目标

1. 基本知识和基本概念

- 了解 Excel 表格处理软件的主要功能。
- 理解工作簿和工作表的基本概念。
- 理解公式和函数。

2. 基本技能

- 学会启动和退出 Excel 2010。
- 学会新建、打开和保存工作簿文件。
- 学会编辑和修饰工作表。
- 学会使用公式、函数进行统计和计算。
- 学会复制、查找和替换。
- 学会排序和筛选。
- 学会建立和编辑图表。
- 学会打印工作表。

✌ 学习内容

章　　节	主要知识点	任　　务
5.1　工作表基本操作	1. 启动和关闭 Excel 2. Excel 的窗口基本结构 3. 输入数据，建立和保存工作簿 4. 修饰工作表	5.1　制作"志愿者服务统计表"

续表

章　　节	主要知识点	任　　务
5.2　统计数据与制作图表	1.　插入行、列，合并单元格 2.　设置文字的字体和颜色 3.　输入和复制求和函数 4.　制作图表	5.2　编辑"志愿者服务统计表"
5.3　合并工作簿	1.　合并数据 2.　插入、删除和重命名工作表 3.　查找和替换/删除数据	5.3　汇总文艺演出节目表 5.4　修改工作表中数据
5.4　筛选与整理工作表	1.　"自动筛选"功能 2.　设置字体、字号和字形	5.5　制作演出节目单
5.5　函数与计算公式	1.　最大值、最小值函数 2.　设置小数位数 3.　计算公式的输入和复制	5.6　统计节目得分
5.6　排序	对工作表中的数据排序	5.7　表彰获奖节目
5.7　制作图表	1.　求平均数函数 AVERAGE() 2.　制作图表，设置图表的格式	5.8　制作空气质量饼图

5.1　工作表基本操作

【任务 5.1】制作"志愿者服务统计表"

共青团中央号召青年人积极参加中国青年志愿者行动，该行动给我国的社会和经济发展带来了巨大的影响，极大地促进了社会的和谐与进步。学生会的干部汇总了暑假期间各班同学参加志愿者行动的数据，如表 5-1 所示。请你帮助学生会利用 Excel 制作"志愿者服务统计表"。

表 5-1　志愿者服务统计表

班级	照顾老人/次	帮助残疾人/次	清扫环境/次	维持治安/次
13 班 1 班	20	36	10	13
13 班 2 班	26	20	12	12
14 级 1 班	25	17	11	15
14 级 2 班	15	21	14	18
15 班 1 班	22	18	16	10
15 班 2 班	16	24	15	14

任务分析

要制作"志愿者服务统计表"，首先要学会如何启动和关闭 Excel 电子表格，掌握电子表格的基本知识，学会输入数据和保存文件。

动手实践

1. 制作"志愿者服务统计表"

1）启动 Excel

启动 Excel 与启动其他 Office 应用软件的方法相同。选择"开始"→"所有程序"→"Microsoft Office"→"Microsoft Excel 2010"命令，即可启动 Excel。

启动 Excel 后，屏幕上将出现图 5-1 所示的窗口。

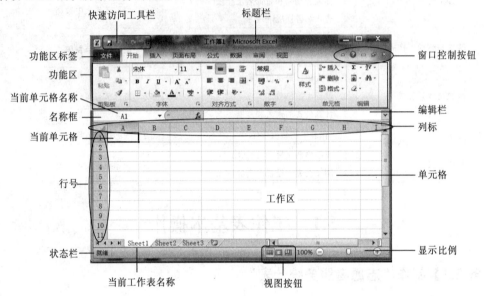

图 5-1　Excel 的窗口

知识窗 —Excel 的窗口

（1）Excel 窗口中各部分的名称。

与 Word 的窗口类似，Excel 的窗口中也有标题栏、快速访问工具栏、功能区标签、功能区、状态栏、窗口控制按钮、显示比例等。Excel 各部分的名称如图 5-1 所示。其中：

标题栏：显示出当前工作簿的名称。

快速访问工具栏：系统默认状态下显示出"保存""撤销""恢复"等按钮，用户可以根据需要添加。

功能区标签：功能区标签中有"文件""开始""插入""页面布局""公式""数据""审阅""视图"等选项卡。还可以根据需要删除或添加选项卡。

功能区：单击某一选项卡，在功能区就会显示出与其相对应的功能区面板，面板又被分为若干个组，组之间用竖线分隔，每个组中又有若干个命令按钮供使用。

视图按钮：包括"普通""页面布局"和"分页预览"3 种视图类型，系统默认的是"普通"视图类型。

（2）工作表。

Excel 的窗口中，显示了一张由若干行和若干列组成的二维表格，这就是当前工作表，系统默认第一张工作表的名称是 Sheet1。在工作表的顶部标识着 A、B……、ZA……XFD，叫做列标，一张工作表最多可有 16 384 列。工作表的左边标识着 1、2……叫做行号，一张工作表最多可有 1 048 576 行。工作表是建立和编辑表格的工作区域。

（3）单元格。

列与行交叉处的方格称为单元格，它是工作表存放数据的基本单元，图 5-1 中被黑框框住的单元格称为当前单元格或活动单元格。

（4）单元格的地址。

工作表的每个单元格有一个唯一的名称，称为单元格地址。单元格的地址一般用单元格所在的列标和行号组成的字母数字串来表示，但也可以由用户来自己定义新的名称。图 5-1 中，名称框中显示的"A1"，就是当前单元格的地址。也叫单元格的名称。

2）输入数据

现在，将表 5-1 中的数据输入到当前工作表中。

（1）单击 A1 单元格，该单元格成为当前单元格（这个操作称为选中 A1 单元格）。

（2）在 A1 单元格输入文字"班级"后（见图 5-2）按【↓】键。

图 5-2 在"A1"单元格输入数据"班级"

小说明

从键盘输入的数据显示在当前单元格中，同时也显示在编辑栏中。单击编辑栏中的数据时，编辑栏的左边就会显示出"取消"按钮 ✖ 和"输入"按钮 ✔。在编辑栏中，可以修改当前单元格中的数据，修改后，可单击编辑栏左边的"输入"按钮确认修改。

（3）仿照第（1）（2）步，在 A2～A7 单元格分别输入"13 级 1 班"……"15 级 2 班"。

（4）选中 B1 单元格，输入"照顾老人/次"后按【→】键。

（5）仿照第（4）步，在 C1 到 E1 单元格中分别输入"照顾残疾人/次""清扫环境/次"和"维持治安/次"。

（6）选中 B2 单元格，输入"20"，如图 5-3 所示。按【↓】键输入"26"，或者按【→】键输入"36"。

（7）将表中所有的数据输入完毕，如图 5-4 所示。

	A	B	C	D	E	F
1	班级	照顾老人	帮助残疾	清扫环境	维持治安/次	
2	13级1班	20				
3	13级2班					
4	14级1班					
5	14级2班					
6	15级1班					
7	15级2班					
8						

图 5-3　在"B2"单元格输入了数据"20"

	A	B	C	D	E	F
1	班级	照顾老人	帮助残疾	清扫环境	维持治安/次	
2	13级1班	20	36	10	13	
3	13级2班	26	20	12	12	
4	14级1班	25	17	11	15	
5	14级2班	15	21	14	18	
6	15级1班	22	18	16	10	
7	15级2班	16	24	15	14	
8						

图 5-4　数据输入完毕

知识窗—— Excel 中数据的类型

在图 5-4 所示的表格中，输入的数据"班级""13 级 1 班""照顾老人/次"等，称为"文本型"数据。Excel 默认输入的文本型数据是向左对齐。

而表格中的"20""36"等数据，称为"数值型"数据，Excel 默认输入的数值型数据是向右对齐。

小说明

输入完一个数据后，如果不想改变当前单元格的位置，可以按【Enter】键或单击编辑栏中的 ✔ 按钮。

知识窗—— 在快速访问工具栏中添加和删除快速访问按钮

在制作表格时，为了使用方便，有些常用的功能可以放到快速访问工具栏中。例如在快速访问工具栏上放置"快速打印"按钮。

（1）选择"文件"→"选项"命令，弹出"Excel 选项"对话框，选择"快速访问工具栏"选项，如图 5-5 所示。

图 5-5　"Excel 选项"对话框

（2）在"从下列位置选择命令"的"常用命令"下拉列表中选择"快速打印"选项，单击"添加"按钮，这时"自定义快速访问工具栏"右边的列表中就显示出"快速打印"选项。

（3）单击"确定"按钮。在快速访问工具栏上就显示出"快速打印"按钮。

（4）删除"快速打印"按钮的方法是：打开"Excel 选项"对话框的"快速访问工具栏"后，先选中"自定义快速访问工具栏"下拉列表中的"快速打印"选项，单击"删除"按钮，再单击"确定"按钮。

2．初步修饰"志愿者服务统计表"

1）自动调整列宽

输入数据后，发现有的单元格宽度不够，没有把数据完全显示出来，如 B1～E1 单元格，这时用户可以用重新设置单元格的列宽来解决这个问题。

（1）鼠标指针移到 B1 单元格中，按住鼠标左键拖动，将指针拖动到 E1 单元格后释放鼠标，这样就选中了一个单元格区域，如图 5-6 所示。

	A	B	C	D	E	F
1	班级	照顾老人	帮助残疾	清扫环境	维持治安/次	
2	13级1班	20	36	10	13	

图 5-6　选中一个单元格区域

（2）选择"开始"→"单元格"→"格式"命令，弹出"格式"下拉列表，如图 5-7 所示。

（3）选择"自动调整列宽"命令，单元格中的全部数据就能显示出来，如图 5-8 所示。

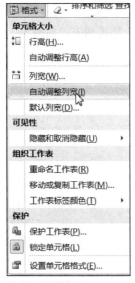

图 5-7　"格式"下拉列表

	A	B	C	D	E	F
	班级	照顾老人/次	帮助残疾人/次	清扫环境/次	维持治安/次	
	13级1班	20	36	10	13	
	13级2班	26	20	12	12	
	14级1班	25	17	11	15	
	14级2班	15	21	14	18	
	15级1班	22	18	16	10	
	15级2班	16	24	15	14	

图 5-8　自动调整列宽

2）设置居中对齐方式

（1）把鼠标指针移动到 A1 单元格中，按住鼠标左键，向右下方拖动鼠标指针直至 E7 单元格中。这步操作称为"选中'A1'到'E7'这个单元格区域"。

（2）选择"开始"→"对齐方式"→"居中"命令，使表格中所有数据都居中对齐。

小技巧

改变列宽的方法不止一种，还可以把鼠标指针移到两个列标之间，当鼠标指针变为 ✛ 形状时拖动，可以拓宽或缩小列宽，如图5-9所示。

也可以先选中要设置列宽的单元格，打开图5-7所示的"格式"下拉列表，选择"列宽"命令，在弹出的"列宽"对话框中输入设定的列宽，单击"确定"按钮，如图5-10所示。

图5-9　移动鼠标指针到两个列标之间

图5-10　"列宽"对话框

知识窗——设置向左对齐和向右对齐——

选中要设置对齐方式的单元格，选择"开始"→"对齐方式"→"文本左对齐"命令，可以使单元格中的数据向左对齐。选择"文本右对齐"命令，可以使单元格中的数据向右对齐。

3）为表格添加边框

（1）选中A1到E7这个单元格区域。

（2）选择"开始"→"字体"→"下边框"命令，弹出"边框"样式列表，如图5-11所示。

（3）选择"所有框线"命令，修饰好的表格如图5-12所示。

边框

- 下框线(O)
- 上框线(P)
- 左框线(L)
- 右框线(R)
- 无框线(N)
- 所有框线(A)
- 外侧框线(S)
- 粗匣框线(T)
- 双底框线(B)
- 粗底框线(H)
- 上下框线(D)
- 上框线和粗下框线(C)
- 上框线和双下框线(U)

绘制边框

- 绘图边框(W)
- 绘图边框网格(G)
- 擦除边框(E)
- 线条颜色(I)
- 线型(Y)
- 其他边框(M)...

图5-11 "边框"样式列表

	A	B	C	D	E
1	班级	照顾老人/次	帮助残疾人/次	清扫环境/次	维持治安/次
2	13级1班	20	36	10	13
3	13级2班	26	20	12	12
4	14级1班	25	17	11	15
5	14级2班	15	21	14	18
6	15级1班	22	18	16	10
7	15级2班	16	24	15	14

图5-12　修饰完成的表格

3. 保存工作簿文件

知识窗 — 工作簿

就像一本书是由许多页纸组成一样，在电子表格中，工作簿是由一张或多张工作表组成的，每张工作表都可以输入各自的数据，系统默认每张工作表的名称分别是 Sheet1、Sheet2……，工作表的名称显示在工作表的底部，其中用白底黑字显示的是当前工作表的名称。新建的工作簿自动建立 3 个空工作表，也可以根据需要增加和减少工作表的数目。

每个工作簿也有默认的名称，显示在标题栏，例如启动 Excel 后，系统默认工作簿的名称是"工作簿 1"或"工作簿 2"等。人们平时所说的一个电子表格文件实际是指一个工作簿文件，这个工作簿文件中可能会含有一张或多张工作表。

1）保存工作簿文件

（1）在硬盘中建立一个自己的文件夹。

（2）单击快速访问工具栏上的"保存"按钮 ，第一次存盘时，会弹出"另存为"对话框。在自己的文件夹中为工作簿文件命名，如"志愿者服务统计表"，然后单击"保存"按钮。以后再存盘时，如果不想改变文件保存的路径或文件名，单击"保存"按钮即可。如果再次存盘时想改变文件的名称或路径，可选择"文件"→"另存为"命令。

注意： 工作簿文件的扩展名是.xlsx。

说明： 如果事先没有建立自己的文件夹，也可以在"另存为"对话框中，单击"新建文件夹"按钮，新建自己的文件夹。

2）退出 Excel

关闭电子表格的方法与关闭其他应用软件的方法相同。

4. 建立启动 Excel 的快捷方式

为了今后方便地启动 Excel，可以在桌面上建立 Excel 的快捷方式，操作方法是：

（1）选择"开始"→"所有程序"→"Microsoft Office"命令，打开级联菜单。

（2）右击"Microsoft Excel 2010"命令，弹出快捷菜单。

（3）选择"发送到"命令，打开下一级菜单，如图 5-13 所示。

（4）选择"桌面快捷方式"命令，桌面就出现图 5-14 所示的快捷图标。双击这个图标，即可快速启动 Excel。

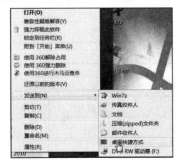

图 5-13　建立快捷方式

图 5-14　Excel 快捷方式图标

归纳总结

本节学习了以下内容：

（1）Excel 的窗口基本结构。

（2）单元格、当前单元格、单元格的地址、工作表、工作簿等基本概念。

（3）启动和关闭 Excel。

（4）输入数据，建立和保存一个工作簿文件。

（5）为表格添加边框、设置列宽和对齐方式。

（6）建立桌面快捷方式的方法。

自主练习

（1）了解有关青年志愿者行动的信息，请查阅相关网站。

温馨提示

　　可在搜索网站上搜索相关信息，可使用关键字：中国青年志愿者行动、青年志愿者、志愿者或志愿者行动等。

（2）学校即将举办"艺术节"，各班同学积极报名参加。学校规定：每班的节目不得超过 6 个，其中必有一个全班同学都参加的大合唱。各班同学的报名表如表 5-2～表 5-7 所示。

请将这些报名表制作成工作簿文件，保存在你的文件夹中，要求输入数据之后要对表格做初步的修饰，如设置列宽和对齐方式，添加表格边框等。可以将文件名起为"艺术节 13-1 班报名表""艺术节 13-2 班报名表""艺术节 14-1 班报名表"……，以备后用。

表 5-2　艺术节 13-1 班报名表

班　　级	节目名称	类　　型	表演人	估计用时/分
13 级 1 班	大合唱：长江之歌	大合唱	全班同学	10
13 级 1 班	相声：夸夸我们班	相声	马明、平平	6
13 级 1 班	女声独唱：我爱你，中国	歌舞	张红梅	5

表 5-3　艺术节数控 13-2 班报名表

班　　级	节目名称	类　　型	表演人	估计用时/分
13 级 2 班	大合唱：在太行山上	大合唱	全班同学	7
13 级 2 班	男声独唱：父亲	歌舞	刘小虎	5
13 级 2 班	舞蹈：天路	歌舞	张秀秀等	8
13 级 2 班	笛子独奏：我是一个兵	器乐	王强兵	5

表 5-4　艺术节 14-1 班报名表

班　　级	节目名称	类　　型	表演人	估计用时/分
14 级 1 班	大合唱：同一首歌	大合唱	全班同学	8
14 级 1 班	二胡独奏：赛马	器乐	李迎晨	6
14 级 1 班	舞蹈：草原之歌	歌舞	杨素华等	7

班级	节目名称	类 型	表演人	估计用时/分
14 级 1 班	京剧清唱：贵妃醉酒	戏剧	周笛	10
14 级 1 班	小品：我是志愿者	小品	赵志高等	15

表 5-5　艺术节 14-2 班报名表

班级	节目名称	类 型	表演人	估计用时/分
14 级 2 班	大合唱：让世界充满爱	大合唱	全班同学	9
14 级 2 班	男声四重唱：怀念战友	歌舞	安康等	8
14 级 2 班	相声：技术工人之歌	相声	卫世华	6
14 级 2 班	诗朗诵：祖国，我爱你	诗歌	曹祖安	6
14 级 2 班	男女二重唱：最炫民族风	歌舞	林茂、金秀	5
14 级 2 班	女声小合唱：茉莉花	歌舞	颜燕燕等	6

表 5-6　艺术节 15-1 班报名表

班 级	节目名称	类 型	表演人	估计用时/分
15 级 1 班	大合唱：在希望的田野上	大合唱	全班同学	10
15 级 1 班	小提琴独奏：新疆之春	器乐	吴明	5
15 级 1 班	民乐合奏：金蛇狂舞	器乐	冯田野等	10
15 级 1 班	舞蹈：青春舞曲	歌舞	柳柳等	7
15 级班	诗朗诵：献给我的老师	诗歌	邓松竹等	6

表 5-7　艺术节 15-2 班报名表

班 级	节目名称	类 型	表演人	估计用时/分
15 级 2 班	大合唱：我和我的祖国	大合唱	全班同学	8
15 级 2 班	女声独唱：美丽的草原我的家	歌舞	方芳	5
15 级 2 班	手风琴独奏：杜鹃圆舞曲	器乐	善笑笑	6
15 级 2 班	诗朗诵：十七岁花季	诗歌	燕子等	7
15 级 2 班	舞蹈：爱我中华	歌舞	杨美平等	10

提示：在输入数据时应该随时存盘，以免机器发生故障时丢失数据。

5.2　统计数据与制作图表

【任务 5.2】编辑"志愿者服务统计表"

　　学生会的干部想把"志愿者服务统计表"放在学校的宣传栏里，以激励更多的同学参加志愿者行动，他们希望对统计表进一步编辑、整理，使之更为直观，如图 5-15 所示。

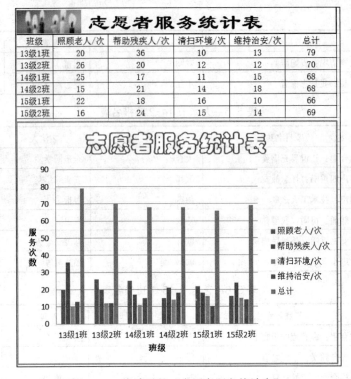

班级	照顾老人/次	帮助残疾人/次	清扫环境/次	维持治安/次	总计
13级1班	20	36	10	13	79
13级2班	26	20	12	12	70
14级1班	25	17	11	15	68
14级2班	15	21	14	18	68
15级1班	22	18	16	10	66
15级2班	16	24	15	14	69

图 5-15　统计后的"志愿者服务统计表"

任务分析

要完成图 5-15 所示的图表，需要打开保存在硬盘上的工作簿文件"志愿者服务统计表"，然后完成以下 3 项工作：

（1）统计各班完成各种志愿服务的总数。

（2）制作一个漂亮的标题。

（3）添加和修饰柱形图表。

动手实践

1. 统计各班完成各种志愿服务的总次数

1）打开工作簿文件

（1）双击桌面上的 Excel 快捷方式，进入 Excel。

（2）选择"文件"→"最近所有文件"命令，在"最近使用的工作簿"界面中，找到文件名"志愿者服务统计表"，单击即打开这个工作簿文件。

 小技巧

也可以选择"文件"→"打开"命令，在弹出的"打开"对话框中找到"志愿者服务统计表"保存的路径，选中文件名后单击"打开"按钮。

2）添加"总计"列

在"F1"单元格中输入"总计"，并添加边框，设置为"居中"对齐方式，如图 5-16 所示。

班级	照顾老人/次	帮助残疾人/次	清扫环境/次	维持治安/次	总计
13级1班	20	36	10	13	
13级2班	26	20	12	12	
14级1班	25	17	11	15	
14级2班	15	21	14	18	
15级1班	22	18	16	10	
15级2班	16	24	15	14	

图 5-16　添加"总计"列

3）计算各班志愿服务次数的总和

在 Excel 中，可以利用求和函数"sum()"求出一些数值的总和。

（1）选中要存放总和的"F2"单元格。

（2）输入"=sum("。

（3）把鼠标指针移到 B2 单元格内，拖动鼠标指针到 E2 单元格后释放鼠标，屏幕显示如图 5-17 所示。

SUM			fx	=sum(B2:E2)			
	A	B	C	D	E	F	G	H
1	班级	照顾老人/次	帮助残疾人/次	清扫环境/次	维持治安/次	总计		
2	13级1班	20	36	10	13	=sum(B2:E2		
3	13级2班	26	20	12	12	SUM(number1, [number2], ...)		
4	14级1班	25	17	11	15			
5	14级2班	15	21	14	18			
6	15级1班	22	18	16	10			
7	15级2班	16	24	15	14			

图 5-17　利用求和函数求和

（4）按【Enter】键或单击编辑栏上的"输入"按钮✔。13 级 1 班志愿服务次数的总和显示在 F2 单元格中，即 79。而编辑栏中显示出内容是 F2 单元格的计算公式：=sum(B2:E2)。

小说明

这里 B2:E2 表示从 B2 到 E2 的一个单元格区域。也可以直接从键盘输入，输入时英文字母不区分大小写，两个单元格地址之间用英文状态下的":"分隔。

知识窗——求和函数 Sum()和自动求和按钮

Sum 是求和函数。它的作用是：计算某一单元格区域中所有数字之和。

它的使用格式是：

Sum(数值 1,数值 2,……,数值 n)

这里"数值"可以是一个数，或一个单元格的地址，也可以是一个单元格区域。

利用求和函数 SUM 可以求出选中单元格区域中所有数值的和。

在 Excel 中，也可以使用"自动求和"按钮Σ来求一个或几个单元格区域的数字之和。使用的方法是：选中要存放数字之和的单元格后，选择"公式"→"函数库"→

"自动求和"命令，这时当前单元格中显示出求和函数及求和区域，如果正确，就单击编辑栏上的"输入"按钮 ✔，否则可以重新选择单元格区域。

　　如果几个单元格区域不是连续的，可以先选中一个单元格区域，然后按住【Ctrl】键，再去选择另外几个区域，确定后，单击编辑栏上的"输入"按钮 ✔。

4）复制公式

要计算出 13 级 2 班志愿服务次数的总和，可以在 F3 单元格直接输入求和公式，也可以先选中 F2 单元格，然后选择"开始"→"剪贴板"→"复制"命令，再选中 F3 单元格，单击"粘贴"按钮 📋，把 F2 中的公式复制到 F3 中，F3 即显示出结果 70。

🔖 小技巧

　　用快捷键复制公式将更快捷，操作方法为：选中 F2 单元格，按【Ctrl+C】组合键，再选中 F3 单元格，再按【Ctrl+V】组合键。

5）使用填充柄复制公式

当要复制的单元格较多时，更简单的方法是使用填充柄来复制公式。

（1）选中已经使用公式计算完毕的 F2 单元格，把鼠标指针移到单元格右下角的小方块上时，会出现一个十字，这就是填充柄，如图 5-18 所示。

图 5-18　填充柄

（2）按住鼠标左键，向下拖动填充柄，至 F7 单元格后释放鼠标，F2 中的公式就复制到 F3:F7 单元格中，即求中各班志愿服务次数的总和。

📖 知识窗——相对地址和绝对地址

　　求志愿服务次数的总和时，在 F2 单元格中使用了计算公式"=SUN（B2:E2）"，在公式中引用了单元格的地址，如 B2、E2 这样表示的单元格地址称为"相对地址"。复制使用相对地址的公式时，计算机会自动改变原公式中相应的相对地址，使复制后得到的公式对应该单元格应有的公式。

　　在制作图表时，在"选择数据源"对话框的"图表数据区域"框中给出的单元格地址如A2、E2 表示的是"绝对地址"。如果公式中引用的是绝对地址，那么复制公式时，计算机不会改变绝对地址。

　　如果一个单元格地址被表示为"A$2"，则说明列是相对的，而行是绝对的。

2．制作一个漂亮的标题

在"志愿者服务统计表"上制作一个漂亮的标题需要完成插入一个空行、合并单元格、输入文字，和设置文字的字体和字号颜色等几步操作。

1）在第 1 行前插入一个空行

（1）把鼠标指针移到第一行的任意一列或行号上并单击。

（2）选择"开始"→"单元格"→"插入"命令，弹出"插入"下拉列表，如图 5-19 所示。

（3）选择"插入工作表行"命令，就在原来第 1 行的上方插入了一个空行。

图 5-19 "插入"下拉列表

 小说明

选中某一列的任意一行，执行图 5-19 中的"插入工作表列"命令，可在选中列的左则插入一个空列。

2）合并第 1 行的单元格

（1）选中 A1:F1 这个单元格区域。

（2）选择"开始"→"对齐方式"→"合并后居中"→"合并后居中"命令，如图 5-20 所示。这样就把 A1:F1 这个单元格区域合并成了一个单元格。在名称框显示出这个单元格的地址是 A1，在这个单元格输入的数据为"居中"对齐方式。

图 5-20 "合并后居中"下拉列表

知识窗—取消合并和垂直对齐

（1）取消合并。

选中合并了的 A1 单元格，再选择"合并后居中"→"取消单元格合并"命令，可以取消合并，恢复到原来的样子。

（2）设置垂直对齐方式。

前面介绍的对齐方式是指水平对齐方式。在 Excel 中，也可以设置文字在单元格中的垂直对齐方式。垂直对齐方式有 3 种，分别是顶端对齐、垂直居中和低端对齐。操作步骤如下：

① 选中要设置对齐方式的单元格。

② 在"开始"→"对齐方式"命令中，设置顶端对齐，可选择"顶端对齐"命令；要设置垂直居中对齐方式，选择"垂直居中"命令；设置低端对齐，选择"低端对齐"命令。

在"对齐方式"组中，还提供了对选中的单元格中的文字设置"自动换行""减少缩进量""增加缩进量"和文字"方向"等命令。

3）设置文字的字体、字形及字号和颜色

（1）选中 A1 单元格，在"开始"选项卡的"字体"组中，单击"字体"下拉按钮，选择字体，例如选择"隶书"。系统默认的字体是"宋体"。

（2）在"字体"组中单击"字号"下拉按钮，设置字号，例如选择"26"。系统默认的字号的"11"。

（3）选择"字体"→"加粗"命令。

（4）选择"字体"→"字体颜色"命令，打开字体颜色列表，如图 5-21 所示，选择喜欢的颜色，例如选择"蓝色"。

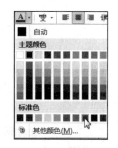

图 5-21 字体颜色列表

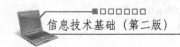

（5）在 A1 单元格中输入"志愿者服务统计表"。

4）添加标题的图片

（1）选中标题所在的单元格 A1。

（2）选择"插入"→"插图"→"图片"命令，弹出"插入图片"对话框。

（3）选择文件夹和要插入的图片后，单击"插入"按钮，被选中的图片就插入到表格中。

（4）调整图片的大小和位置。

制作完成的表格如图 5-22 所示。

	A	B	C	D	E	F
1		志愿者服务统计表				
2	班级	照顾老人/次	帮助残疾人/次	清扫环境/次	维持治安/次	总计
3	13级1班	20	36	10	13	79
4	13级2班	26	20	12	12	70
5	14级1班	25	17	11	15	68
6	14级2班	15	21	14	18	68
7	15级1班	22	18	16	10	66
8	15级2班	16	24	15	14	69

图 5-22　添加标题和图片

 小说明

设置文字的字体和字号时，也可以先输入文字，在编辑栏选中输入的文字，再设置文字的字体和字号和颜色，这样输入之后，还要设置行高。

知识窗—"设置单元格格式"对话框

利用"设置单元格格式"对话框，可以同时设置单元格的"对齐"方式、"字体"和"边框"等。

方法是：

（1）选中要设置格式的单元格。

（2）选择"开始"→"单元格"→"格式"→"设置单元格格式"命令，弹出"设置单元格格式"对话框，图 5-23 所示。

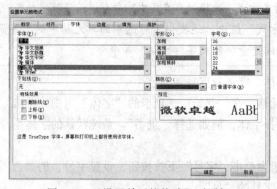

图 5-23　"设置单元格格式"对话框

（3）在对话框中进行设置，例如选择"字体"选项卡，设置文字的字体、字形、字号等，单击"确定"按钮。

3．制作"志愿者服务统计表"柱形图表

在 Excel 中，可以根据数据表中的数据制作柱形图、饼图、折线图等。在"志愿者服务统计表"中，制作"柱形图"可以比较清楚地对比出各班志愿服务的情况。

1）建立图表

（1）选中 A2:F8 单元格区域，如图 5-24 所示。

	A	B	C	D	E	F
1			志愿者服务统计表			
2	班级	照顾老人/次	帮助残疾人/次	清扫环境/次	维持治安/次	总计
3	13级1班	20	36	10	13	79
4	13级2班	26	20	12	12	70
5	14级1班	25	17	11	15	68
6	14级2班	15	21	14	18	68
7	15级1班	22	18	16	10	66
8	15级2班	16	24	15	14	69

图 5-24 选中制作柱形图的单元格区域

（2）选择"插入"→"图表"→"柱形图"命令，打开柱形图样式列表，如图 5-25 所示。

（3）选择"二维柱形图"→"簇状柱形图"命令，屏幕显示出柱形图表，如图 5-26 所示。

图 5-25 柱形图样式列表

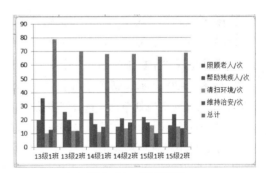

图 5-26 柱形图表

温馨提示

制作出图表后，选择"设计"→"数据"→"选择数据"命令，弹出"选择数据源"对话框，图 5-27 所示。在这里可以重新选择制作柱形图表的数据区域。方法是：单击"图表数据区域"右边的按钮，重新选择数据区域后单击"确定"按钮。

图 5-27 "选择数据源"对话框

（4）柱形图表出现后，选择"设计"→"图表布局"→"布局1"命令，屏幕显示如图5-28所示。

（5）为图表添加标题。选中"图表标题"，删除"图表标题"4个字，输入"志愿者服务统计表"。

（6）选中文字"志愿者服务统计表"，在文字右上方的列表中设置"字体""字号""字形""颜色"等，如图5-29所示。确定之后，在图表以外的地方单击。

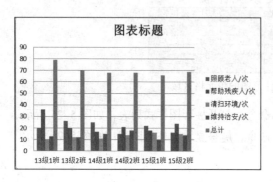

图5-28　设计图表布局

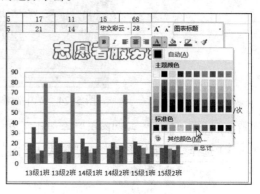

图5-29　为图表添加标题

（7）选择"布局"→"标签"→"坐标轴标题"→"主要横坐标轴"→"坐标轴下方标题"命令，这时在横坐标轴的下面出现"坐标轴标题"几个字，处于被选中状态，如图5-30所示。删除这几个字，重新输入"班级"，在图表的空白处单击。选择"主要纵坐标轴标题"→"竖排标题"命令，可以设置纵坐标轴标题，方法与设置横坐标轴标题类似。

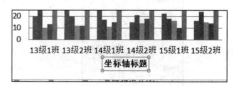

图5-30　设置坐标轴标题

练一练

为柱形图表设置横坐标轴标题为"班级"，设置纵坐标轴标题为"服务次数"。

2）修饰柱形图表

（1）把鼠标指针移到柱形图表的空白处，鼠标指针处显示"图表区"，拖动鼠标指针可把图表移动到合适的位置。

（2）把鼠标指针移到图表边框上的小方块时，鼠标指针变为双箭头形，拖动它，可以放大或缩小图表。

（3）把鼠标指针移到图表的某一区域时，会弹出这一位置的名称，在"图表区"双击，弹出"设置图表区格式"对话框，如图5-31所示。在这里可以设置图表边框的颜色、样式等。设置之

图5-31　"设置图表区格式"对话框

后单击"关闭"按钮。

（4）在柱形图上双击，弹出"设置数据系列格式"对话框，如图 5-32 所示。在"系列重叠"选项中，可以设置每班中各数据之间的间距。在"分类间距"选项中，可设置各班数据之间的间距。设置之后单击"关闭"按钮。

（5）在"水平（类别）轴"上右击，弹出设置坐标轴格式的快捷菜单和列表框，如图 5-33 所示，可以设置坐标轴的字体字号和字形。

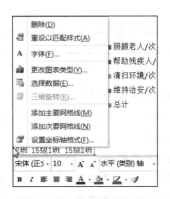

图 5-32　"设置数据系列格式"对话框　　　　图 5-33　设置坐标轴格式的快捷菜单和列表框

练一练

（1）打开"设置图表区格式"对话框、"设置数据系列格式"对话框和设置坐标轴格式的快捷菜单和列表框，重新设置图表的边框、各类数据的间距及文字的字体、字号、字形、颜色等。做出图 5-15 所示的柱形图表，保存这个工作簿文件。

（2）在工作表中插入图片的方法与在 Word 中插入图片的方法类似，请在工作表中插入一个适当的图片。

归纳总结

本节主要学习了以下内容：

（1）插入一个空行。

（2）合并单元格。

（3）设置表格中文字的字体、字形和字号和颜色。

（4）什么是公式，在公式中引用单元格的地址。

（5）求和函数的功能和使用方法。

（6）使用求和函数求和及使用"自动求和"按钮求和。

（7）用"复制"→"粘贴"的方法复制公式，用"填充柄"复制公式。

（8）制作"柱形"图表和修饰图表。

自主练习

（1）14级1班的同学响应学校的号召，开展了环保节能活动。各小组同学纷纷贡献节能节水小窍门，如表5-8所示。

表5-8　14级1班各小组节能节水小窍门统计表

组　　别	节水小窍门/个	节电小窍门/个	节约煤气小窍门/个	总计/个
第一小组	2	2	1	
第二小组	1	4	3	
第三小组	3	3	3	
第四小组	4	3	2	
总计				

完成下列操作：

① 输入各小组节能节水小窍门统计表。

② 统计各小组贡献的节水节能小窍门的总数，统计出全班共提出了多少个节水、节电、节约煤气小窍门。

③ 为这个表格插入标题，并把标题设计成艺术字。

④ 制作"14-1节能节水小窍门统计表"柱形图表。

⑤ 以"14-1节能节水小窍门统计表"为文件名保存这个工作簿。

（2）14级2班的也开展了环保节能活动，14级2班各小组提供的节约小窍门如表5-9所示。制作14级2班的节能节水小窍门的统计图表，并保存工作簿文件，文件名为"14-2班节能节水小窍门统计表"（以备后用）。

表5-9　14级2班各小组节能节水小窍门统计表

组　　别	节水小窍门/个	节电小窍门/个	节约煤气小窍门/个	总计/个
第一小组	3	4	2	
第二小组	2	1	3	
第三小组	4	3	3	
第四小组	5	4	3	
总计				

（3）上网查找并阅读有关节约方法的信息。可以在搜索网站输入以下关键字：节水方法或节水小窍门，节电方法或节约小窍门等。

5.3　合并工作簿

【任务5.3】汇总文艺演出节目表

学校即将举办艺术节，各班同学积极报名，报名表见表5-2～表5-7。学校希望把各班的报名表汇总成一张大表，能够在一个工作簿文件中方便地查找各班报名的情况，还能方便地修改其中的数据。

任务分析

要解决上面的问题，需解决：

（1）将各班的报名表复制到新工作簿文件中。

（2）将各工作表的数据复制到汇总表中。

动手实践

1. 将各班的报名表合并汇总成一个工作簿文件

在 5.1 节的练习中，我们保存了 6 个工作簿文件，现在需要将这 6 个工作簿文件合并成一个工作簿文件。为方便查阅，一个工作簿中应该有 7 张工作表，其中 1 张是全校各班报名的汇总表，6 张是各班同学的报名表。要完成这项工作，需作如下操作：

（1）新建工作簿，在新的工作簿中插入多个工作表，并为工作表重命名。

（2）将各班的报名表复制到新的工作簿文件中。

（3）将各班的报名表合并到一个工作表中。

1）新建工作簿

启动 Excel，软件就自动建立了一个空白工作簿。

如果是执行其他操作后要建立新工作簿，则选择"文件"→"新建"命令，双击"可用模板"框中的"空白工作簿"选项，如图 5-34 所示。假设系统默认新建工作簿的名称是"工作簿 1"。

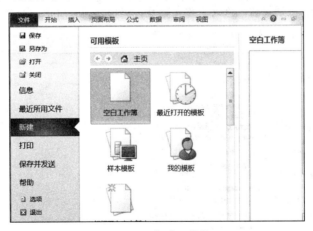

图 5-34　新建工作簿

2）插入新的工作表

由于一个新建的工作簿文件中只有 3 张工作表，但任务需要有 7 张工作表，所以需要插入新的工作表。

单击工作簿窗口底部的 Sheet3 工作表后面的"插入工作表"按钮（参见图 5-1 所示的 Excel 窗口），即插入了一张新的工作表。

知识窗——插入工作表的其他方法

（1）选择"开始"→"单元格"→"插入"→"插入工作表"命令，也可插入一张新的工作表。

（2）右击工作表底部的工作表名称，在弹出的快捷菜单中（见图 5-35）选择"插入"命令，弹出"插入"对话框，如图 5-36 所示，在"常用"选项卡中选择"工作表"图标后，单击"确定"按钮。这时，就在工作簿中插入了一张新的工作表，名称为 Sheet4。把鼠标指针移到工作表名称上，拖动它，可以重新排列工作表的顺序。

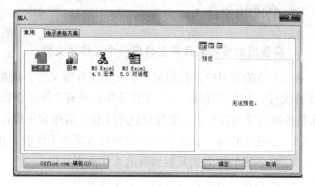

图 5-35　快捷菜单

图 5-36　"插入"对话框

（3）为了使用方便，可以在工作簿中重新设置含工作表的数目。设置的方法是，选择"文件"→"选项"命令，弹出"Excel 选项"对话框，在"常规"选项面板的"新建工作簿时"栏目下"包含的工作表数"右边的输入框中，输入新的工作表数目，也可以单击其右侧的微调按钮，修改工作表数目，如图 5-37 所示，一个工作簿最多可设置 255 张工作表。输入之后，单击"确定"按钮。

图 5-37　"Excel 选项"对话框

练一练

试着在当前工作簿中再插入 4 张新的工作表。

3）修改工作表的名称

在新建的"工作簿 1"上，把鼠标指针移到工作表下侧的工作表名称栏中的"Sheet 2"并右击，在弹出的快捷菜单中选择"重命名"命令，如图 5-38 所示。这时"Sheet 2"为黑底白字显示，输入"13-1报名表"后按【Enter】键，即修改了工作表的名称。

图 5-38　选择"重命名"命令

小技巧

把鼠标指针移到工作表名称上并双击，工作表名称呈黑底白字显示，此时也可以修改工作表的名称。

 练一练

把工作表 Sheet 3～Sheet 7 的名称分别改为"13-2 报名表""14-1 报名表""14-2 报名表""15-1 报名表"和"15-2 报名表"。把 Sheet 1 改名为"汇总表"。调整工作表的顺序，使它们按"汇总表""13-1 报名表"……"15-2 报名表"的顺序排列。

4）把各班的艺术节报名表复制到新工作簿

（1）选择"文件"→"打开"命令，打开保存在硬盘上的文件"艺术节 13-1 报名表"。

（2）选中 A1:E4 单元格区域，选择"开始"→"剪贴板"→"复制"命令。

（3）在"工作簿 1"中，单击工作表名称为"13-1 报名表"的工作表，使其为当前工作表，并选中 A1 单元格。

（4）选择"剪贴板"→"粘贴"命令，这样工作簿文件"艺术节 13-1 报名表"中的数据就被复制到工作簿"工作簿 1"的工作表"13-1 报名表"上，如图 5-39 所示。

（5）观察图 5-39 可以发现，被粘贴的表格格式改变了。这时可以单击"粘贴"下拉按钮，打开"粘贴"选项列表，选择"保留源列宽"命令，如图 5-40 所示，即可恢复原来表格的格式。

	A	B	C	D	E
1	班级	节目名称	类型	表演人	估计用时/分
2	13级1班	大合唱;	大合唱	全班同学	10
3	13级1班	相声：夸	相声小品	马明、平	6
4	13级1班	女生独唱	歌舞	张红梅	5

图 5-39　粘贴的表格

图 5-40　"粘贴"下拉列表

（6）单击"艺术节 13-1 报名表.xlsx"窗口右上角的"关闭"按钮，关闭该工作簿。

（7）仿照（1）～（5）的步骤，把"艺术 13-2 报名表"～"艺术节 15-2 报名表"文件中的数据分别粘贴到"工作簿 1"的各个工作表中。

为不丢失粘贴的数据，以"艺术节全校报名表及汇总表"为文件名，保存新的工作簿。

 练一练

把"艺术节 13-2 报名表"～"艺术节 15-2 报名表"工作簿中的数据分别粘贴到新的工作簿文件"艺术节全校报名表及汇总表"的各个工作表中，并保存工作簿。

小技巧

当工作簿的底部不能显示所有工作表名称时，就要利用工作表名称栏左侧的 4 个按钮 ⏮ ◀ ▶ ⏭。它们的作用依次分别是：显示出第 1 个工作表名称、向前显示一个工作表的名称、向后显示一个工作表的名称、显示最后一个工作表的名称。

2. 在不同的工作表之间复制粘贴数据

（1）在工作簿文件"艺术节全校报名表及汇总表"中，单击工作表名称栏中的"13-1 报名表"，使其成为当前工作表，选中 A1:E4 单元格区域，选择"开始"→"剪贴板"→"复制"命令。

（2）单击工作表名称栏中的"汇总表"，使其成为当前工作表，选中 A1 单元格，选择"粘贴"命令，这样"13-1 报名表"中的数据就被粘贴到"汇总表"中了。

（3）单击工作表名称栏中的"13-2 报名表"，选中 A2∶E8 单元格区域，选择"复制"命令（注意不复制标题）。

（4）单击工作表名称栏中的"汇总表"，选中 A6 单元格，选择"粘贴"命令。

（5）仿照第（3）和（4）步，把其余的工作表中的数据部分复制后粘贴到"汇总表"中。

（6）调整"汇总表"的宽度和对齐方式。

（7）单击"保存"按钮，保存制作好的工作簿。

练一练

把"艺术节全校报名表及汇总表"中"13-1 报名表"……"15-2 报名表"工作表中的数据利用"复制→粘贴"的方法复制到"汇总表"中，调整单元格的格式，并保存工作簿文件。

【任务 5.4】修改工作表中数据

由于离艺术节开始还有一段时间，各班在积极排练节目的同时，对原来的报名表有所更改。

（1）例如 13-1 班要增加一个楚杰同学表演的京剧清唱"今日痛饮庆功酒"。

（2）学校在审查节目时从水平上把关，调整了一些节目，如删除了"贵妃醉酒"这个节目。

（3）有的节目的表演人有了改变，例如女声独唱"美丽的草原我的家"的表演人"方芳"改换为"孙小丽"。

根据以上的要求修改工作簿"艺术节全校报名表及汇总表"中的数据。

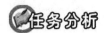**任务分析**

修改工作簿中的数据，需要完成以下操作：

（1）在工作簿的"汇总表"中插入一条新的数据。

（2）查找"贵妃醉酒"，找到后删除这一行数据。

（3）用"孙小丽"替换"方芳"。

动手实践

1. 在"汇总表"中插入一条新的数据

（1）在工作表名称栏中选择"汇总表"工作表，在第 5 行的上方插入一个空行。

（2）在空行中输入数据：在"班级"列输入"13-1 班"，在"名称"列输入"京剧清唱：今日痛饮庆功酒"，在"类型"列输入"戏剧"，在"表演人"列输入"楚杰"，在"估计用时/分"列输入"3"。

（3）在工作表名称栏中选择"13-1 报名表"工作表，在第 5 行的上方插入一个空行。

（4）仿照第（2）步，在"13-1 报名表"工作表的第 5 行中新的输入数据。

2．删除"贵妃醉酒"所在的一行

（1）选择"开始"→"编辑"→"查找和选择"→"查找"命令，图 5-41 所示，旨出"查找和替换"对话框，选择"查找"选项卡，在"查找内容"文本框中输入"贵妃醉酒"，如图 5-42 所示。

图 5-41 "查找和选择"下拉列表　　　　　图 5-42 "查找和替换"对话框

（2）单击"选项"按钮，弹出如图 5-43 所示的"范围""搜索"和"查找范围"3 个选项，单击"范围"下拉按钮，选择列表中的"工作簿"。

（3）单击"查找全部"按钮，对话框显示如图 5-43 所示，指示出"贵妃醉酒"所在的工作簿名称、工作表名称、所在单元格的绝对地址（或名称）、单元格中的内容（值）等。将"贵妃醉酒"所在的单元格选中。

（4）选择"开始"→"单元格"→"删除"→"删除工作表行"命令，如图 5-44 所示，汇总表中"贵妃醉酒"所在的行即被删除。

图 5-43 找到"贵妃醉酒"所在的单元格　　　图 5-44 选择"删除工作表行"命令

练一练

在"查找与替换"对话框中，选中"14-1报名表"中"贵妃醉酒"所在的单元格，删除"14-1报名表"中"贵妃醉酒"所在的行。

（5）关闭"查找和替换"对话框。

试一试

单击 按钮，撤销上一步操作。选中工作簿中的"14-1报名表"中"贵妃醉酒"所在的行，选择"开始"→"编辑"→"清除"命令，弹出"清除"下拉列表，如图 5-45所示。分别执行其中的"清除格式""清除内容"和"全部清除"命令，看看屏幕的显示结果，并讲述"删除"命令与"清除"命令的区别。

图 5-45 "清除"下拉列表

提 示

执行了"清除格式"命令后，可单击快速访问工具栏上的"撤销"按钮 ，撤销上一步操作。

3. 将"方芳"替换为"孙小丽"

（1）选中"汇总表"，选择"开始"→"编辑"→"查找和选择"命令，弹出"查找和替换"对话框。在"查找内容"文本框中输入要查找的表演人名"方芳"，在"替换为"文本框中输入要替换的表演人名"孙小丽"，在"范围"下拉列表中选择"工作簿"，如图 5-46所示。

（2）单击"全部替换"按钮，屏幕显示如图 5-47所示，单击"确定"按钮，工作簿中的数据"方芳"就被"孙小丽"替换。

图 5-46　替换单元格中的数据　　　　　图 5-47　2 处数据被替换

小说明

在这个工作簿中，如果只有"汇总表"中的数据"方芳"要被"孙小丽"替换，那么，只需单击"查找和替换"对话框中的"替换"按钮即可。

如果有多个数据是"方芳"，而有的需要换成"孙小丽"，有的则不需要替换。在这种情况下，先单击"查找全部"按钮，对话框的下方就会出现一个窗格，显示出数据"方芳"所在的工作簿、工作表的名称和所在单元格的绝对地址，如果需要替换哪个单元格的内容，就选中需要替换的数据行，如图 5-48 所示，单击"替换"按钮。替换完一个数据后，再选中下一个需要替换的数据行，单击"替换"按钮。不需要替换时单击"关闭"按钮。

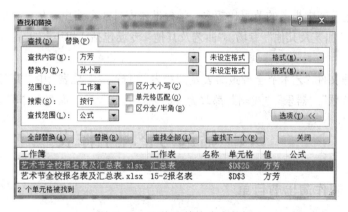

图 5-48　查找和替换多个数据

归纳总结

本节主要学习了以下内容：

（1）将不同工作簿（工作表）中的数据合并到一个工作簿（工作表）中。

（2）在一个工作簿中插入、删除工作表。

（3）为工作表重命名。

（4）查找和替换工作表中的数据。

（5）在工作表中删除行、列或单元格。

（6）"删除"与"清除"命令的区别。

自主练习

（1）打开保存在硬盘上的工作簿文件"14-1 节能节水小窍门统计表"和"14-2 节能节水小窍门统计表"，将它们合并成一个新的工作簿文件，其中要有 3 张工作表，工作表的名称分别为"14级节能节水小窍门统计表""14-1 班""14-2 班"。保存工作簿文件，可以起名为"14 级节能节水小窍门统计表"。在"14 级节能节水小窍门统计表"中修改"组别"列中的数据；插入"其他节约方法"列，并输入数据，如表 5-10 所示。保存工作簿文件。

表 5-10　电子节能节水小窍门统计表

组　　别	节水小窍门/个	节电小窍门/个	节约煤气小窍门/个	其他节约方法/个	总计/个
14-1 第一组	2	2	1	6	11
14-1 第二组	1	4	3	4	12
14-1 第三组	3	3	2	7	15
14-1 第四组	4	3	2	4	13
14-2 第一组	3	4	2	5	14
14-2 第二组	2	1	3	5	11
14-2 第三组	4	2	3	3	12
14-2 第四组	5	4	3	4	16

（2）由于艺术节中报名的节目比较多，学校准备安排 3 个演出专场，分别为"大合唱"专场，"歌舞"专场和"曲艺及其他"专场。"曲艺及其他"专场包括"相声""小品""诗歌""器乐""戏剧"等。

打开工作簿文件"艺术节全校报名表及汇总表"，修改"汇总表"中"类型"列的数据，将"相声""小品""诗歌""器乐""戏剧"都改为"曲艺及其他"类，保存工作簿文件。

5.4　筛选与整理工作表

【任务 5.5】制作演出节目单

在艺术节开始前，学校希望能根据"艺术节全校报名表及汇总表"安排演出的场次，制作出各场次的演出节目单。

任务分析

要制作各场次的演出节目单，首先要按节目的类型分出演出的场次。利用 Excel 的筛选功能，可以十分方便地分出演出的场次。

知识窗　筛选

在 Excel 中，筛选是指根据用户针对某列数据指定的条件，显示出满足条件的行。利用筛选可以快速地查找和处理单元格区域中的数据子集。

1. 按节目类型筛选演出场次

（1）打开工作簿文件"艺术节全校报名表及汇总表"，在"汇总表"中操作。

（2）选中"汇总表"第一行（即标题行）的任意一列，选择"开始"→"编辑"→"排序与筛选"→"筛选"命令，如图 5-49 所示。

图 5-49　选择"筛选"命令

知识窗 — 取消"筛选"和字段及字段名 —

执行"筛选"命令后，再一次执行"筛选"命令，可以取消筛选

"汇总表"中的每一列，称为一个字段；每一个字段上面的标题，称为"字段名"。

小说明

选择"数据"→"排序与筛选"→"筛选"命令，也可以筛选数据。

（3）第一行每一个字段名的右边就出现了一个下拉按钮，如图 5-50 所示。

	A	B	C	D	E
1	班级 ▾	节目名称 ▾	类型 ▾	表演人 ▾	估计用时/分
2	13级1班	大合唱 长江之歌	大合唱	全班同学	10

图 5-50　"筛选"下拉按钮

（4）单击"类型"字段旁边的下拉按钮，打开"类型"列表，如图 5-51 所示，在"文本筛选"选项下勾选"大合唱"类型，单击"确定"按钮。大合唱类型的节目就被筛选出来了，如图 5-52 所示。

图 5-51　勾选"大合唱"类型

	A	B	C	D	E
1	班级 ▾	节目名称 ▾	类型 ▾	表演人 ▾	估计用时/分
2	13级1班	大合唱：长江之歌	大合唱	全班同学	10
5	13级2班	大合唱：在太行山上	大合唱	全班同学	7
9	14级1班	大合唱：同一首歌	大合唱	全班同学	8
13	14级2班	大合唱：让世界充满爱	大合唱	全班同学	9
19	15级1班	大合唱：在希望的田野上	大合唱	全班同学	10
24	15级2班	大合唱：我和我的祖国	大合唱	全班同学	8

图 5-52　筛选出大合唱类型

（5）在工作簿中，插入一张新的工作表，重命名为"合唱专场"。

（6）将筛选出的表格复制到"合唱专场"工作表中，并保存工作簿。

（7）回到"汇总表"中，再次执行"筛选"命令，"汇总表"中原来的全部数据又重新显示出来。

练一练

在工作簿中，插入 2 张新的工作表，名称分别为"歌舞专场"和"曲艺及其他专场"，在"汇总表"中，筛选出"歌舞"和"曲艺及其他"类型的节目，并把它们分别复制到相应的工作表中，保存修改后的工作簿。

2．整理工作表

（1）在"合唱专场"工作表中（见图 5-51），选中 C1:E7 单元格区域，选择"开始"→"单元格"→"删除"→"删除工作表列"命令，删除 C1:E7 单元格区域的内容。

（2）调整列宽和行高，将"节目名称"这一列设置为"向左"对齐。

（3）选中第一列的任意一个单元格，选择"开始"→"单元格"→"插入"→"插入工作表列"命令，在原来列的左边插入一个空列。设该列为居中对齐。

（4）在 A1 单元格输入"节目编号"。在 A2 单元格输入"'1"（这是一个文本型的数据）后，单击编辑栏上的"输入"按钮 ✔ 。

（5）选中 A2 单元格，把鼠标指针移到 A2 单元格的填充柄上，向下拖动它到 A7 单元格，释放鼠标左键，节目编号被填充到相应的单元格中，整理后的表格如图 5-53 所示。

（6）在第一行上方插入一个空行，将 A1 到 C1 这个单元格区域合并成一个单元格。

（7）在合并后的单元格输入"大合唱演出节目单"。设置文字的字号、字体和字形。合唱演出的节目单制作完成，如图 5-54 所示。

图 5-53　整理"合唱专场"节目单

图 5-54　制作完成"合唱演出节目单"

练一练

（1）制作图 5-55 所示的"歌舞演出节目单"。

图 5-55　歌舞专场演出节目单

（2）仿照"歌舞专场"演出节目单制作"曲艺及其他专场"演出节目单。

（3）保存工作簿文件。

温馨提示

要制作"歌舞演出节目单"应在"歌舞专场"工作表中删除"类型"和"估计用时"两列，在"班级"和"节目名称"之间插入一个空列，选中"表演人"所在的单元格区域，选择"开始"→"剪贴板"→"剪切"命令，把这一区域的数据存放到剪贴板中，再选择"粘贴"命令，将剪贴板中的数据复制到空列中。

3.打印工作表

1）打印预览工作表

（1）打开工作簿文件"艺术节全校报名表及汇总表"，选择"合唱专场"为当前工作表。

（2）选择"文件"→"打印"命令，在打开面板的右边可以看到预览打印的效果，如图 5-56 所示。

图 5-56　预览打印的效果

 小说明

必须在计算机中安装打印驱动程序，才能预览到打印的效果。

2）打开打印机

（1）选择"文件"→"打印"命令，在打开的面板中可设置打印的份数、打印的范围（打印当前（活动）工作表还是打印整个工作簿）及打印纸张的方向等，如图 5-57 所示。

（2）单击下方的"页面设置"超链接，弹出"页面设置"对话框，如图 5-58 所示，可设置缩放比例、页边距、页眉/页脚等，单击"确定"按钮。

图 5-57　打印设置

图 5-58　"页面设置"对话框

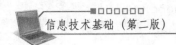

（3）回到图5-57所示的页面，单击"打印"按钮，"合唱专场"的内容即被打印出来。

练一练

把歌舞专场和"曲艺及其他专场"的节目单打印出来。

归纳总结

本节主要学习了以下内容：
（1）"筛选"的概念。
（2）利用"筛选"功能，查找符合条件的数据行。
（3）插入与删除行和列，及删除数据的操作方法。
（4）打印工作表的方法。

自主练习

（1）15级的同学积极报名参加青年志愿者行动，报名情况如表5-11所示。

表5-11　参加青年志愿者行动报名表

班　级	姓　名	性　别	年　龄	特　长
15级1班	王小晨	女	17	文艺
15级2班	刘明	男	16	英语
15级2班	李硕	男	17	英语
15级2班	张华明	女	16	文艺
15级1班	吴秀华	女	16	文艺
15级2班	周素萍	女	17	英语
15级1班	王德新	男	16	英语
15级1班	封树楷	男	17	文艺
15级2班	马强	男	17	英语

输入这个表格，保存工作簿文件。学校需要派一支文艺小分队为敬老院的老人们演出，请筛选出有文艺特长的志愿者，制作"文艺小分队人员名单"，并把它打印出来。

（2）打开工作簿文件"艺术节全校报名表及汇总表"，根据各场次的筛选结果，参考图5-59制作出艺术节演出节目单。

温馨提示

打开工作簿文件"艺术节全校报名表及汇总表"将"合唱专场""歌舞专场""曲艺及其他专场"这3张工作表复制到Excel工作表中或Word文档中，修饰Excel工作表或Word文档。

艺术节演出节目单

合唱专场 时间： 5月12日 地点： 学校礼堂

大合唱演出节目单

编号	班级	节目名称
1	13级1班	大合唱：长江之歌
2	13级2班	大合唱：在太行山上
3	14级1班	大合唱：同一首歌
4	14级2班	大合唱：让世界充满爱
5	15级1班	大合唱：在希望的田野上
6	15级2班	大合唱：我和我的祖国

歌舞专场 时间： 5月19日 地点： 学校礼堂

歌舞演出节目单

编号	班级	节目名称	表演人
1	13级1班	女生独唱：我爱你，中国	张红梅
2	13级2班	男声独唱：父亲	刘小虎
3	13级2班	舞蹈：天路	张秀爱
4	14级1班	舞蹈：草原之歌	杨素华等
5	14级2班	男声四重唱：怀念战友	安康等
6	14级2班	男女二重唱：最炫民族风	林茂、金秀
7	14级2班	女声小合唱：茉莉花	颜燕燕等
8	15级1班	舞蹈：青春舞曲	柳枫等
9	15级2班	女声独唱：美丽的草原我的家	孙小丽
10	15级2班	舞蹈：爱我中华	杨美平等

曲艺及其他节目专场 时间： 5月26日 地点： 学校礼堂

曲艺及其他演出节目单

编号	班级	节目名称	表演人
1	13级1班	曲艺及其他：夸夸我们班	马明、平平
2	13级1班	京剧清唱：今日痛饮庆功酒	蔡杰
3	13级1班	笛子独奏：我是一个兵	王强兵
4	13级2班	二胡独奏：赛马	李迎晨
5	14级1班	曲艺及其他：我是志愿者	赵志高等
6	14级1班	曲艺及其他：技术工人之歌	卫世华
7	14级2班	诗朗诵：祖国，我爱你	贾相变
8	14级2班	小提琴独奏：新疆之春	吴明
9	15级1班	民乐合奏：金蛇狂舞	冯田野等
10	15级1班	诗朗诵：献给我的老师	邓松竹等
11	15级班	手风琴独奏：杜鹃圆舞曲	曹笑笑
12	15级2班	诗朗诵：十七岁花季	燕子等

图 5-59　艺术节演出节目单

5.5　函数与计算公式

【任务 5.6】统计节目得分

艺术节开始了，同学们都积极参加演出，在演出节目时有 8 名评委为同学们的演出评分。计算每个节目最后得分的方法是：最后得分=（所有评委给分之和－一个最高分－一个最低分）/6。

评委给出的合唱表演成绩表如图 5-60 所示。请计算出每个节目的最后得分，并保留两位小数。

	A	B	C	D	E	F	G	H	I	J
1	班级	王老师	洪老师	安老师	齐老师	马同学	刘同学	赵同学	杨同学	最后得分
2	13级1班	7.6	8	7.5	8	8.5	8	8.2	7.8	
3	13级2班	8.2	7.9	8.1	8.3	9	8.5	8.1	8	
4	14级1班	9.1	8.6	8.7	8.9	8.5	7.8	8	7.7	
5	14级2班	8.4	8.7	9.1	9.5	8	9	9.1	8.6	
6	15级1班	8.5	8.5	8.4	8.3	8.5	7.8	8.2	8.2	
7	15级2班	6.5	7	7.1	7.9	8	8.1	8.2	9	

图 5-60　合唱演出成绩表

任务分析

按照计算公式进行计算，首先需要求出评委给分中的最高分和最低分，这可以利用 Excel 中的求最大值函数 MAX()和求最小值函数 MIN()来计算。

知识窗——Max()和 Min()函数

Max()是求最大值函数，它的作用是快速地求出一组数值中的最大数。

它的使用方法是：Max(参数 1,参数 2,…)。其中的参数不能超过 255 个。参数可以是具体的数字，也可以是单元格的名称（其中的数据应该是数值型的），还可以是一个数字区域。

Min()是求最小值函数，它的作用是快速地求出一组数值中的最小数。其使用方法与Max()函数类似。

动手实践

1. 求最大值和最小值

（1）新建一个工作簿文件，将图 5-60 中的数据输入到工作表中，为工作表命名为"合唱成绩"。以"艺术节成绩"为名，保存此工作簿文件。

（2）在"最后得分"列的左侧插入两个空列，分别是 J 和 K 列，标题分别为"最高分"和"最低分"，如图 5-61 所示。

	A	B	C	D	E	F	G	H	I	J	K	L
1	班级	王老师	洪老师	安老师	齐老师	马同学	刘同学	赵同学	杨同学	最高分	最低分	最后得分
2	13级1班	7.6	8	7.5	8	8.5	8	8.2	7.8			
3	13级2班	8.2	7.9	8.1	8.3	9	8.5	8.1	8			
4	14级1班	9.1	8.6	8.7	8.9	8.5	7.8	8	7.7			
5	14级2班	8.4	8.7	9.1	9.5	8	9	9.1	8.6			
6	15级1班	8.5	8.5	8.4	8.3	8.5	7.8	8.2	8.2			
7	15级2班	6.5	7	7.1	7.9	8	8.1	8.2	9			

图 5-61　在"最后得分"列的左侧插入两个空列

（3）选中 J2 单元格，单击编辑栏上的"插入函数"按钮 *fx*，弹出"插入函数"对话框，如图 5-62 所示。在"或选择类别(C)"栏中选择"常用函数"或"统计"，在"选择函数(N)"下面的函数列表中选择"MAX"，单击"确定"按钮。

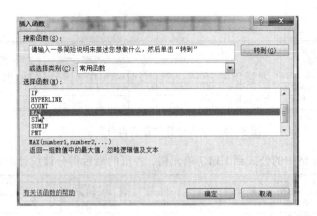

图 5-62　"插入函数"对话框

（4）弹出"函数参数"对话框，如图 5-63 所示。在"函数参数"对话框"MAX"框的"Number1"组合框中，给出了计算机默认的数据区域，可以输入新的数据区域。确定无误后，单击"确定"按钮。J2 单元格显示出给指定数据区域中的最大值。

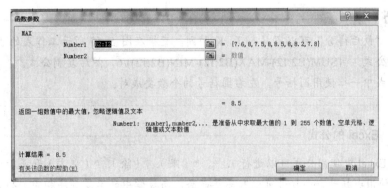

图 5-63　"函数参数"对话框

（5）用类似的操作在 K2 单元格求出 B2:I2 数据区域中的最小值。

（6）同时选中 J2 和 K2 这两个连续的单元格，向下拖动填充柄到 K7 单元格后释放鼠标左键，如图 5-64 所示，即求出评委给各班分数的最高分和最低分。

	A	B	C	D	E	F	G	H	I	J	K	L
1	班级	王老师	洪老师	安老师	齐老师	马同学	刘同学	赵同学	杨同学	最高分	最低分	最后得分
2	13级1班	7.6	8	7.5	8	8.5	8	8.2	7.8	8.5	7.5	
3	13级2班	8.2	7.9	8.1	8.3	9	8.5	8.1	8	9	7.9	
4	14级1班	9.1	8.6	8.7	8.9	8	7.8	8	7.7	9.1	7.7	
5	14级2班	8.4	8.7	9.1	9.5	8	9	9.1	8.6	9.5	8	
6	15级1班	8.5	8.5	8.4	8.3	8.5	7.8	8	8.2	8.5	7.8	
7	15级2班	6.5	7	7.1	7.9	8	8.1	8	8.2	9	6.5	
8												

图 5-64　用填充柄复制多个公式

2．计算总分

（1）在 L2 单元格输入公式 =(SUM(B2:I2)-J2-K2)/6，如图 5-65 所示。单击编辑栏上的"输入"

按钮 ✔。

	MIN	▼		✗	✔	f_x	=(SUN(B2:I2)-J2-K2)/6				
	A	B	C	输入	E	F	G	H	I	J	K	L
1	班级	王老师	洪老师	安	齐老师	马同学	刘同学	赵同学	杨同学	最高分	最低分	最后得分
2	13级1班	7.6	8	7.5	8	8.5	8	8.2	7.8	8.5	7.5	-J2-K2)/6
3	13级2班	8.2	7.9	8.1	8.3	9	8.5	8.1	8	9	7.9	

图 5-65　输入计算"最后得分"的公式

（2）复制 L2 单元格中的公式到 L3:L7 单元格，各班的最后得分被统计出来，如图 5-66 所示。

	A	B	C	D	E	F	G	H	I	J	K	L
1	班级	王老师	洪老师	安老师	齐老师	马同学	刘同学	赵同学	杨同学	最高分	最低分	最后得分
2	13级1班	7.6	8	7.5	8	8.5	8	8.2	7.8	8.5	7.5	7.9333333
3	13级2班	8.2	7.9	8.1	8.3	9	8.5	8.1	8	9	7.9	8.2000000
4	14级1班	9.1	8.6	8.7	8.9	8.5	7.8	8	7.7	9.1	7.7	8.4166667
5	14级2班	8.4	8.7	9.1	9.5	8	9	9.1	8.6	9.5	8	8.8166667
6	15级1班	8.5	8.5	8.4	8.3	8.5	7.8	8.2	8.2	8.5	7.8	8.3500000
7	15级2班	6.5	7	7.1	7.9	8	8.1	8.2	9	9	6.5	7.7166667

图 5-66　求出各班的最后得分

小技巧

求"最后得分"可以不插入 J、K 两列，直接在图 5-59 所示工作表的 J2 单元格输入计算公式：=(SUM(B2:I2)-MAX(B2:I2)-MIN(B2:I2))/6，然后复制公式。

公式中一律使用圆括号，左右圆括号的个数要成对。

知识窗──Excel 的公式

在 Excel 中使用公式可以进行 +、-、*（乘）、/（除）、^（乘方）和函数运算。公式中一律使用小括号，小括号可以有多层嵌套，与数学中的运算顺序相同。公式中可以引用单元格的地址。

在输入公式时规定必须以"="号或"+"号开头。例如在表 5-1 中，要在 F2 单元格求出 13 级 1 班志愿服务的总和，还可以输入：=20+36+10+13 或 =B2+C2+D2+E2。

在这里，计算机把 B2、C2、D2、E2 这些单元格的地址都作为变量来使用，先读出单元格中存放的数据，再进行计算。如果这些单元格中的数据改变了，计算的结果也将随之改变。

试一试

（1）在图 5-16 所示的表格中的 F2 单元格输入公式"=20+36+10+13"，观察计算结果，将 B2 单元格中的数据"20"改为"30"，观察 F2 单元格中的计算结果。

（2）单击快速访问工具栏上的"撤销"按钮 ↶，将 F2 单元格中的数据恢复成"20"。

（3）在 F2 单元格输入公式"=B2+C2+D2+E2"，观察计算结果，将 B2 单元格中的数据"20"改为"30"，观察 F2 单元格中的计算结果。

3．保留两位小数

（1）选中图 5-66 所示的 L2:L7 数据区域。

（2）单击格式工具栏上的"减少小数位数"按钮，直到保留到 2 位小数为止。

> 单击"增加小数位数"按钮，可以增加选中单元格中数值的小数位数。

（3）保存工作簿文件。

练一练

> 在图 5-66 中，把各位评委的评分也设置成保留 2 位小数。并设置为"居中对齐"。

4．保留 2 位小数的其他方法

（1）选中要设定小数位数的单元格，右击，在弹出的快捷菜单中选择"设置单元格格式"命令，如图 5-67 所示。

（2）弹出"设置单元格格式"对话框，选择"数字"选项卡，在"分类"列表框中选择"数值"，在"小数位数"中输入"2"，单击"确定"按钮，如图 5-68 所示。

图 5-67 快捷菜单   图 5-68 "设置单元格格式"对话框

归纳总结

本节主要学习了以下内容：

（1）求最大值函数 MAX() 和求最小值函数 MIN() 的功能和使用方法。

（2）使用公式，并在公式中使用单元格地址进行统计和计算。

（3）使用填充柄复制公式。

（4）增加和减少数值的小数位数。

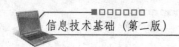自主练习

打开"艺术节成绩"工作簿文件，将工作表 Sheet2 重命名为"歌舞成绩"，输入表 5-12 所示的表格，求出"最后得分"，并保留两位小数。

表 5-12　艺术节歌舞演出成绩表

表演人	王老师	洪老师	安老师	齐老师	马同学	刘同学	赵同学	杨同学	最后得分
张红梅	7.2	7.1	8	7.6	8.1	8.3	7.9	7.5	
刘小虎	6.5	6.2	7.5	6.9	7	8.2	8.5	8	
张秀秀等	5.9	5.8	6.2	6	6.9	7.5	7	6	
杨素华等	8	8.5	7.8	9	8.4	7	7.2	7.7	
安康等	8	8.7	8.2	8.3	8.2	8.1	7.4	8.1	
陈林茂等	8.4	8.4	8.2	8.9	9	8.7	9	9	
颜燕燕等	9.3	9.1	9	8.7	9	8.8	9.1	8.5	
柳柳等	7	7.4	7.2	7.9	8	8.1	8.6	8.4	
孙小丽	6.5	7	7	7.8	7.5	7.4	7.2	6.8	
杨美平等	8.8	8.7	8.4	9	9.1	9.4	8.5	8.4	

5.6　排　序

【任务 5.7】表彰获奖节目

艺术节即将进入尾声，为了鼓励同学们全面发展，学校要表彰合唱表演的前三名，还要把获奖名单公布在宣传栏中。

Excel 软件可以按照某字段的数据对表格进行排序。

任务分析

要找出得奖的班级，需要将各班按"最后得分"排出名次，这时可以利用 Excel 中的"排序"功能，以"最后得分"按从大到小的顺序进行排序。

动手实践

1. 排序，找出得奖的班级

（1）打开工作簿文件"艺术节成绩"中的"合唱成绩"工作表。

（2）选中 A1:L7 单元格区域，选择"数据"→"数据"→"排序与筛选"→"排序"命令，弹出"排序"对话框，如图 5-69 所示。

（3）单击"主要关键字"下拉按钮，打开标题列表，选择"最后得分"。单击"次序"下拉按钮，在次序列表中选择"降序"。

图 5-69　"排序"对话框

（4）单击"添加条件"按钮，对话框中的显示如图 5-70 所示。单击"次要关键字"下拉按钮，在标题列表中选择"班级"。单击"次序"下拉按钮，在次序列表中选择"升序"。

图 5-70　设置次要关键字

（5）单击"确定"按钮，排序结果如图 5-71 所示。

	A	B	C	D	E	F	G	H	I	J	K	L
1	班级	王老师	洪老师	安老师	齐老师	马同学	刘同学	赵同学	杨同学	最高分	最低分	最后得分
2	14级2班	8.4	8.7	9.1	9.5	8.0	9.0	9.1	8.6	9.5	8.0	8.82
3	14级1班	9.1	8.6	8.7	8.9	8.5	7.8	8.0	7.7	9.1	7.7	8.42
4	15级1班	8.5	8.5	8.4	8.3	8.5	7.8	8.2	8.2	8.5	7.8	8.35
5	13级2班	8.2	7.9	8.1	8.3	9.0	8.5	8.1	8.0	9.0	7.9	8.20
6	13级1班	7.6	8.0	7.5	8.0	8.5	8.0	8.2	7.8	8.5	7.5	7.93
7	15级2班	6.5	7.0	7.1	7.9	8.0	8.1	8.2	9.0	9.0	6.5	7.72

图 5-71　"合唱成绩"排序结果

（6）保存工作簿文件。

 小说明

　　在排序过程中，第一步选择要参加排序的数据区域是十分重要的。如果只选择了"最后得分"这一列，排序的结果只将这一列的数据按顺序排列，而数据表中的其他数据都不变，其结果只能是张冠李戴。

提　示

　　选择"开始"→"编辑"→"排序和筛选"→"自定义排序"命令，也可以打开"排序"对话框。

💻 **练一练** ———

　　打开"艺术节成绩"这个工作簿文件，在"歌舞成绩"工作表中以"最后成绩"为主要关键字，按从大到小的顺序排序，找出获得前六名的表演人。

　　打开保存在硬盘中的工作簿文件"艺术节全校报名表及汇总表"，将"歌舞专场"中的节目表以"表演人"为主要关键字，按"升序"排列。

2．制作表彰名单

　　（1）打开"艺术节成绩"工作簿文件，在"合唱成绩"表中可以看到：按照"最后得分"排序后，名列前三名的班级分别是 14 级 2 班、14 级 1 班和 15 级 1 班，记住这 3 个班级。

　　（2）打开"艺术节全校报名表及汇总表"工作簿文件，选择"合唱专场"为当前工作表。

　　（3）分别将 14 级 2 班、14 级 1 班和 15 级 1 班所在的行复制到另一个单元格区域，如复制到 A11:C13 单元格区域。并分别将编号修改为"第一名""第二名""第三名"。如图 5-72 所示。

　　（4）把 A11 到 C13 单元格区域的数据复制到一张新的工作表上，设置单元格的格式，文字的字体、字形、字号、颜色等，如图 5-73 所示。

10		
11	第一名	14级2班	大合唱：让世界充满爱
12	第二名	14级1班	大合唱：同一首歌
13	第三名	15级1班	大合唱：在希望的田野上

合唱表演获奖名单

第一名	14级2班	大合唱：让世界充满爱
第二名	14级1班	大合唱：同一首歌
第三名	15级1班	大合唱：在希望的田野上

图 5-72　把得奖班级的数据复制到另一个单元格区域　　图 5-73　修改格式后的合唱表演获奖名单

　　（5）打印工作表。

🔘 **归纳总结**

本节主要学习了以下内容：

（1）利用 Excel 的排序功能，对工作表中的数据排序。

（2）设置单元格的格式。

🔘 **拓展知识**

制作出图 5-74 所示的课程表。

图 5-74　课程表

分析：

在制作这个课程表中，除了用到合并单元格、为单元格添加边框等知识外，还需要在单元格中添加一道斜线以及设置单元格的背景及底纹。

1．在单元格中画斜线

（1）在对角的单元格中分别输入"节次"和"星期"，并选中这个单元格区域，如图 5-75（a）所示。

（2）执行"自动调整列宽"命令，如图 5-75（b）所示。

（3）选中要添加斜线的两个单元格，如图 5-75（c）所示。

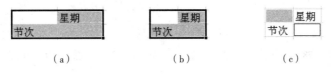

|　　（a）　　　　　　　　　　（b）　　　　　　　　　（c）|

图 5-75　在单元格中输入文字

提　示

先选中一个单元格，然后按住【Ctrl】键，再单击其他单元格，可以同时选中多个单元格。

（4）选择"开始"→"单元格"→"单元格"→"设置单元格格式"命令，弹出"设置单元格格式"对话框，选择"边框"选项卡，选中需要的斜线边框后，单击"确定"按钮，如图 5-76所示。添加好斜线的单元格如图 5-77 所示。

图 5-76　"设置单元格格式"对话框

图 5-77　为单元格添加斜线

2．为单元格添加底纹和背景

（1）选中"中午休息"所在的单元格，打开"设置单元格格式"对话框，选择"填充"选项卡，如图 5-78 所示。

（2）在"背景色"列表中选择自己喜欢的颜色，如选择"天蓝色"，为选中的单元格添加背景颜色。要想填充渐变色效果，可单击"填充效果"按钮，弹出"填充效果"对话框，如图 5-79所示，设置后单击"确定"按钮。

图5-78 "填充"选项卡　　　　　　　　图5-79 "填充效果"对话框

（3）单击"图案样式"下拉按钮，在图案样式列表中选择一种喜欢的样式。单击"图案颜色"下拉按钮，在打开的颜色列表中选择喜欢的颜色，单元格的底纹也设置完毕，如图5-80所示。

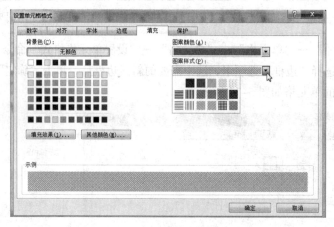

图5-80 设置单元格的图案和底纹

（4）单击"确定"按钮。单元格的背景颜色、图案及图案的颜色即显示出来。

在工作表中插入图片的方法与在Word中插入图片的方法相同。

自主练习

曲艺专场的表演成绩如表5-13所示。

表5-13 艺术节曲艺及其他表演成绩表

表演人	评委								最后得分
	王老师	洪老师	安老师	齐老师	马同学	刘同学	赵同学	杨同学	
马明、平平	8.2	7.8	8.2	7.7	8.3	8.4	7.9	8.5	
楚杰	6.5	6.3	7.2	6.9	7.1	8.1	8.1	8	
王强兵	8	7	7.5	7.5	7.9	7.8	7.6	7.6	
李迎晨	7.7	8.4	7.9	7.9	8.7	8.7	7.8	7.9	

续表

表演人	评委								最后得分
	王老师	洪老师	安老师	齐老师	马同学	刘同学	赵同学	杨同学	
赵志高等	8.1	8.5	8.4	8.1	8.3	8.2	9	8.8	
卫世华	6	6	6.1	6.4	7	7.2	7.7	7.9	
曹祖安	7.3	8.1	8.9	8.4	8,1	8.2	8.1	8.5	
吴明	7	7.4	7.2	7.9	8	8.1	8.6	8.4	
冯田野等	6.5	7	7	7.8	7.5	7.4	7.2	6.8	
邓松竹等	8.8	8.7	8.4	9	9.1	9.4	8.5	8.4	
善笑笑	9	9	9.2	9.1	8.8	7	7	7.8	
燕子等	7.5	8	8	8	7.9	8.9	8.5	8.4	

（1）统计每个节目的最后得分，保留两位小数。并以"最后得分"为主要关键字，排出表演名次。

（2）发挥自己的想象力，制作出漂亮的歌舞表演、曲艺及其他表演节目的获奖名单。

（3）制作一个漂亮的课程表送给同学和朋友。（选作）

5.7 制作图表

【任务 5.8】制作空气质量饼图

地球是人类赖以生存的家园，爱护地球，保护环境，是我们应尽的职责。现在为了保护环境，越来越多的人都在关心空气的质量和天气的温度。

请记录你所在的地区 1 个月内的气温和空气质量，求出 1 个月的平均气温。制作出能够表示 1 个月内各类天气所占比例的统计图表。

任务分析

要完成上面的任务应该完成以下工作：

（1）为了便于统计和计算，应该将记录的数据先制成工作表。

（2）利用 Excel 的求平均数函数快速准确地求出平均气温。

（3）制作饼图最能反映各类天气所占的比例。

动手实践

1. 制作 1 个月内气温和空气质量工作表

以下是某地 2015 年 1 月份的气温及空气质量表，输入数据到工作表中，保存工作簿文件，起名为"气温与空气质量表"，如图 5-81 所示。

	A	B	C	D
1	日期	最高气温	最低气温	空气质量
2	2015-01-01	3	-5	良
3	2015-01-02	8	-6	良
4	2015-01-03	8	-5	中度污染
5	2015-01-04	6	-1	重度污染
6	2015-01-05	9	-4	中度污染
7	2015-01-06	8	-6	良
8	2015-01-07	3	-6	良
9	2015-01-08	5	-3	中度污染
10	2015-01-09	7	-5	良
11	2015-01-10	9	-3	中度污染
12	2015-01-11	5	-8	良
13	2015-01-12	4	-5	中度污染
14	2015-01-13	4	-5	重度污染
15	2015-01-14	3	-9	严重污染
16	2015-01-15	2	-3	严重污染
17	2015-01-16	4	-7	轻度污染
18	2015-01-17	4	-7	良
19	2015-01-18	6	-6	轻度污染
20	2015-01-19	6	-5	良
21	2015-01-20	5	-2	轻度污染
22	2015-01-21	5	-7	优
23	2015-01-22	6	-6	轻度污染
24	2015-01-23	7	-3	严重污染
25	2015-01-24	3	-5	轻度污染
26	2015-01-25	4	-4	中度污染
27	2015-01-26	4	-7	轻度污染
28	2015-01-27	2	-7	优
29	2015-01-28	0	-5	良
30	2015-01-29	4	-6	良
31	2015-01-30	3	-8	优
32	2015-01-31	4	-7	优
33	平均气温			
34				

图 5-81 气温与空气质量表

要设置图 5-81 所示的日期格式，可将鼠标指针移到要设置格式的单元格上，右击，在弹出的快捷菜单中选择"设置单元格格式"命令，弹出"设置单元格格式"对话框。在"分类"列表中先选择"日期"再选择"自定义"，在"类型"输入框中输入"yyyy-mm-dd"，单击"确定"按钮，如图 5-82 所示。

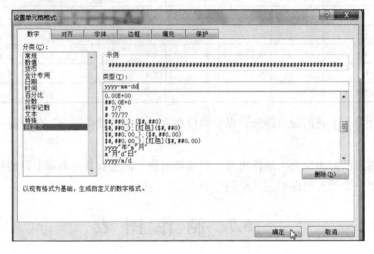

图 5-82 自定义日期的格式

在 A2 单元格输入日期型数据"2015-1-1"，然后使用填充柄将其他日期填充到 A3:A32 单元格。

2．求平均气温

（1）选中要存放平均最高气温的 B33 单元格，单击编辑栏上的"输入函数"按钮 f_x，弹出"插入函数"对话框（见图 5-83），在其中选择"统计"类别和"AVERAGE"函数。

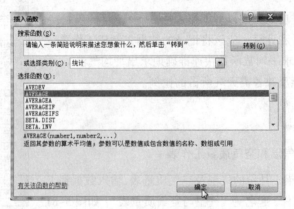

图 5-83 "插入函数"对话框

说明：在"常用函数"类别中，也能找到"AVERAGE"函数。

知识窗——AVERAGE 函数的作用和使用方法

阅读"插入函数"对话框下方的文字，或单击"有关该函数的帮助"超链接，打开 "Excel 帮助"窗口（见图 5-84），仔细阅读关于"AVERAGE"的帮助文本，理解求平均数函数的作用，使用规则及操作方法。阅读之后关闭窗口。

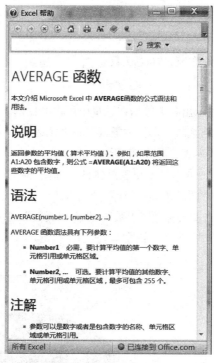

图 5-84　阅读帮助

（2）单击"确定"按钮，弹出图 5-85 所示的"函数参数"对话框，在"Number1"组合框中显示出计算机默认的求平均数的数据区域，如果认为正确，就单击"确定"按钮，否则可以在这里修改数据区域。求出的最高气温的平均数显示在 B33 单元格中。

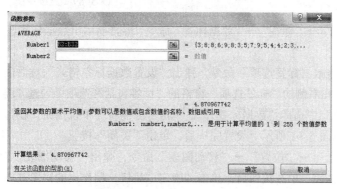

图 5-85　"函数参数"对话框

（3）复制 B33 单元格中的公式到 C33 单元格，求出最低气温的平均数，如图 5-86 所示。

3．制作和修饰饼图

1）制作统计各类空气质量的天数的表格

统计各类空气质量的天数，制作图 5-87 所示的表格，假设这个表格占据 A36:G37 单元格区域。

36	空气质量	优	良	轻度污染	中度污染	重度污染	严重污染
37	天数	4	10	6	6	2	3

图 5-87　各类空气质量的天数

2）制作饼图

使用饼图，可以清楚地显示出各类数据在总量中所占的比例。

（1）选中 A36:G37 单元格区域，选择"插入"→"图表"→"饼图"命令，展开饼图样式列表，图 5-88 所示。

（2）单击三维饼图样式，屏幕显示出三维饼图，如图 5-89 所示，同时屏幕上方显示出"图表工具-设计"选项卡。

（3）修改图表标题，单击图表标题"天数"，删除"天数"二字，重新输入"1月份各类空气质量分布图"。

	A	B	C	D
1	日期	最高气温	最低气温	空气质量
2	2015-01-01	3	-5	良
3	2015-01-02	8	-6	良
4	2015-01-03	8	-5	中度污染
5	2015-01-04	6	-1	重度污染
6	2015-01-05	9	-4	中度污染
7	2015-01-06	8	-6	良
8	2015-01-07	3	-6	良
9	2015-01-08	5	-3	中度污染
10	2015-01-09	7	-5	良
11	2015-01-10	9	-3	中度污染
12	2015-01-11	5	-8	良
13	2015-01-12	4	-5	良
14	2015-01-13	4	-5	重度污染
15	2015-01-14	2	-5	严重污染
16	2015-01-15	3	-3	严重污染
17	2015-01-16	4	-7	轻度污染
18	2015-01-17	4	-5	良
19	2015-01-18	6	-6	轻度污染
20	2015-01-19	6	-5	良
21	2015-01-20	5	-2	轻度污染
22	2015-01-21	5	-7	优
23	2015-01-22	6	-6	重度污染
24	2015-01-23	7	-3	严重污染
25	2015-01-24	3	-5	轻度污染
26	2015-01-25	4	-4	中度污染
27	2015-01-26	4	-5	轻度污染
28	2015-01-27	2	-7	优
29	2015-01-28	0	-5	良
30	2015-01-29	4	-6	良
31	2015-01-30	3	-8	优
32	2015-01-31	4	-7	优
33	平均气温	4.87097	-5.2258	

图 5-86　求出了平均最高气温和最低气温

图 5-88　饼图样式列表

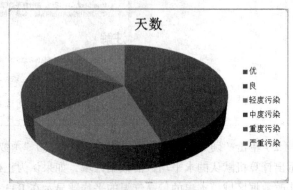

图 5-89　三维饼图

（4）选择"布局"→"标签"→"数据标签"命令，屏幕显示出数据标签选项列表，如图 5-90 所示。

（5）选择"其他数据标签选项"命令，弹出"设置数据标签格式"对话框，在左侧的窗格中选择"标签选项"，在右侧的"标签选项"窗格的"标签包括"选项中勾选"类别名称"和"百分比"。在"标签位置"中选择"数据标签外"。单击"分隔符"下拉按钮，在打开的分隔符列表中选择"行分符"，如图 5-91 所示。设置完毕后，单击"关闭"按钮。

（6）选择"设计"→"位置"→"移动图表"命令，弹出"移动图表"对话框，如图 5-92 所示。选中"新工作表"单选按钮后，单击"确定"按钮，制作出的饼图被放在一张新的工作表中，默认的工作表名称是 Chart1。

图 5-90　数据标签选项列表

图 5-91　设置数据标签格式对话框

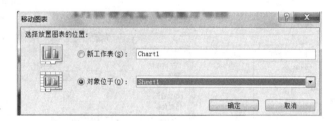

图 5-92　"移动图表"对话框

如果选择"对象位于"单选按钮，则图类似图 5-15，图表与原来的数据表同在一张工作表中。
设置完成后单击"确定"按钮。

制作出的饼图如图 5-93 所示。

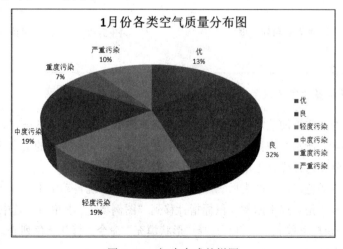

图 5-93　初步完成的饼图

3）修饰饼图

（1）更改图例的位置。选中图例，选择"布局"→"标签"→"图例"命令，打开图例样式列表，如图 5-94 所示，选择一种样式，例如选择"在底部显示图例"。图例显示在图表的下方。同样，选中图表标题或数据标签，选择"标签"→"图表标题"或"数据标签"命令，在打开列表样式中选择一种样式，可以改变图表标题或数据标签的位置。

（2）改变图表标题的字体、字形、字号和颜色。把鼠标指针移到图表标题区域，右击，屏幕显示出格式设置快捷菜单和列表框，图 5-95 所示。在列表框中可以设置图表标题的字体、字形和颜色等。选择"字体"命令，弹出"字体"对话框，如图 5-96 所示。在对话框中可以分别设置标题中的西文字体和中文字体，设置完成后单击"确定"按钮。

选中"数据标签"或"图例"，用同样的方法，可以设置数据标签和图例的格式。

图 5-94 图例位置列表

图 5-95 格式设置快捷菜单和列表框

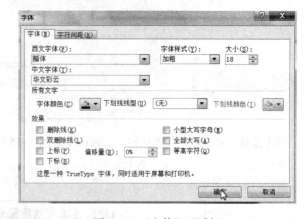

图 5-96 "字体"对话框

 练一练

将数据标签的字体设置为粗体。

（3）为图表中的文字添加艺术字效果。选中图表标题，打开"格式"→"艺术字样式"外观样式列表，如图 5-97 所示。把鼠标指针移到某一种样式上时，图表中的文字随之改变，如果确定使用这种样式，就在这种样式上单击。

（4）修改图例的颜色，制成图表后，图例项的颜色是由系统自动给出的。将图例项 1（优）的颜色改为绿色的方法是：选中图例，鼠标指针移到"图例项 1"上单击，选中图例项 1，右击，弹出图 5-95 所示的快捷菜单和列表框，选择"形状填充"命令，打开颜色列表，如图 5-98 所示，选择"绿色"后单击。

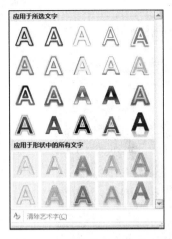

图 5-97　文本外观样式列表

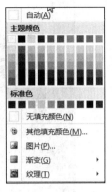

图 5-98　颜色列表

练一练

　　将图例优、良、轻度污染、中度污染、重度污染、严重污染的颜色，分别改为绿色、黄色、橙色、红色、浅棕色、深棕色。

　　（5）设置图表的背景颜色。选中图表区，选择"格式"→"形状样式"→"形状填充"命令，屏幕显示图 5-98 所示的颜色列表。把鼠标指针移到"渐变"选项上，屏幕显示出渐变样式列表，如图 5-99 所示。选择"其他渐变"命令，弹出"设置图表区格式"对话框，如图 5-100 所示。选择"渐变填充"单选按钮，单击"预设颜色"下拉按钮，在预设预设列表中选择一种样式，例如"雨后初晴"。打开"方向"列表，可以选择渐变的方向，单击"关闭"按钮。

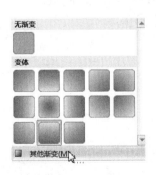

图 5-99　渐变样式列表

图 5-100　"设置图表区格式"对话框

制作出的饼图如图 5-101 所示。

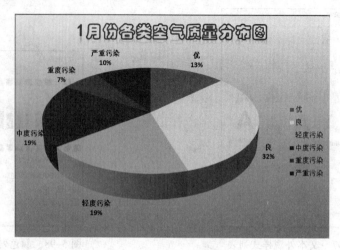

图 5-101　完成的饼图

归纳总结

（1）求平均数函数 AVERAGE() 的功能使用方法。

（2）利用求平均数函数求一个数据区域中数字的平均值。

（3）饼图的作用。

（4）制作饼图的方法。

（5）设置图表的格式。

自主练习

（1）调查你所在的地区一个月内（30 天）的空气质量，统计出各类空气质量（包括优、良、轻微污染、轻度污染、中度污染、重度污染、严重污染）所占的天数，制作能反映出各类天气所占比例的饼图。设置图表的格式，并将其复制到 Word 文档或 Excel 工作表中，再写一篇呼吁人们"保护环境，从我做起"的文章，插入有关环保的图片，制作一个图文并茂的作品。

（2）总结制作图表的方法，利用折线图制作 $y=\sin x$ 和 $y=\cos x$ 在 $(0\sim 2\pi)$ 区间的图像。

第 **6** 章

用多媒体作品展示信息

在学习和生活中，经常需要展示一些信息和作品。Microsoft Office PowerPoint 2010 是制作屏幕演示文稿的工具软件，它不仅能展示文字、图片资料，还可以把图片、影像、声音、动画等资料有机地组合成一个多媒体软件，制作出许多动画效果，并且在 Internet 上发布。

为叙述简便，本章下文把 Microsoft Office PowerPoint 2010 简称为 PowerPoint 2010。

在本章中，以制作"漫游博物馆"的电子演示文稿为例，学习 PowerPoint 2010 演示文稿的制作方法。

学习目标

- 掌握 PowerPoint 的基本功能，了解制作电子演示文稿的方法。
- 学会建立、编辑、浏览电子演示文稿的方法。
- 学会放映演示文稿的一般方法，设置动画效果、超链接和播放声音等。
- 学会将编辑好的演示文稿打包处理。
- 培养自主学习能力和勇于探索的精神。

学习内容

章　节	主要知识点	任　务
6.1　制作第一张幻灯片	1. 新建演示文稿 2. 制作第一张幻灯片 3. 保存演示文稿	6.1　制作"漫游博物馆"标题
6.2　插入新幻灯片	1. 打开演示文稿，插入新幻灯片 2. 插入图片，设置自定义动画 3. 删除幻灯片 4. 幻灯片的视图方式	6.2　制作目录幻灯片
6.3　整理幻灯片	1. 调整幻灯片的顺序 2. 设置幻灯片格式 3. 设置切换效果	6.3　编辑"漫游博物馆"（一）
6.4　修饰幻灯片	1. 调整动画出现的顺序 2. 插入更多对象（表格、音频、视频） 3. 设置超链接	6.4　编辑"漫游博物馆"（二）

续表

章　节	主要知识点	任　务
6.5　发布演示文稿	1. 放映演示文稿 2. 打印演示文稿 3. 发布为 Web 页 4. 打包成 CD	6.5　打印和发布"漫游博物馆"

6.1　制作第一张幻灯片

【任务 6.1】制作"漫游博物馆"标题

创建一个展示博物馆有关知识的演示文稿，制作图 6-1 所示的第一张标题幻灯片。

图 6-1　"漫游博物馆"电子演示文稿

 任务分析

要制作演示文稿首页，首先要启动 PowerPoint 2010 软件。然后根据标题页的设计，在第 1 张幻灯片中插入艺术字标题和动画图片，设置背景颜色，并保存演示文稿。

动手实践

1. 新建演示文稿

选择"开始"→"所有程序"→"Microsoft Office 2010"→"Microsoft PowerPoint 2010"命令，打开 PowerPoint 2010 窗口，如图 6-2 所示。

图 6-2　PowerPoint 2010 窗口

—PowerPoint 2010 窗口

　　当启动 PowerPoint 时，屏幕自动新建一个名为"演示文稿 1"的新 PowerPoint 文件，PowerPoint 2010 窗口的标题栏显示"演示文稿 1-Microsoft PowerPoint"，如图 6-2 所示。窗口中显示在"幻灯片窗格"中的就是第一张幻灯片。

　　默认情况下，PowerPoint 2010 窗口由标题栏、快速访问工具栏、功能区、幻灯片窗格、编辑窗口、备注区和状态栏组成。

温馨提示

　　如图 6-2 所示，选中的是默认幻灯片版式（标题幻灯片），如果不满意，可以重新选择。

　　如果不小心关闭了某个任务窗格，选择"视图"选项卡中的命令，即可重新打开。

2．制作幻灯片

1）输入标题

第 1 张幻灯片的标题实际上就是一个演示文稿的片头。

（1）选择"开始"→"版式"→"Office 主题"中的幻灯片版式（默认的是标题幻灯片），如图 6-3 所示。

图 6-3　幻灯片版式

（2）单击"空白"，工作区中的幻灯片变为"空白"样式，幻灯片中的标题和副标题框消失。

（3）选择"插入"→"艺术字"命令，弹出"艺术字"列表框，如图 6-4 所示。

图 6-4　"艺术字"列表框

（4）选中其中一种合适的样式，如第 4 行第 3 列的样式，如图 6-5 所示。

图 6-5　显示输入文字框

（5）输入文字"漫游博物馆"，自选字体和字号，如"字体"选择"黑体"，"字号"选择"80"，并"加粗"，"漫游博物馆"5 个艺术字出现在第 1 张幻灯片上，如图 6-6 所示。

图 6-6　输入文字"漫游博物馆"

（6）选择"格式"→"文字效果"→"阴影"→"透视"命令，如图 6-7 所示。

（7）选择"格式"→"文本填充"→"渐变"→"其他渐变"命令，如图 6-8 所示。

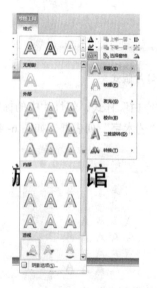

图 6-7　文字效果

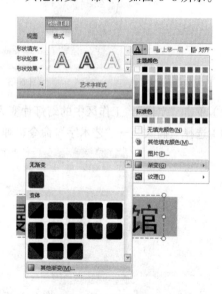

图 6-8　文本填充

（8）在弹出的"设置文本格式效果"对话框中选择"预设颜色"和"方向"，如选择"彩虹出岫"，如图 6-9 所示。选择"线性向左"，如图 6-10 所示。

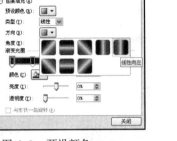

图 6-9　预设颜色　　　　　　　　　图 6-10　方向设置

（9）单击"关闭"按钮，标题"漫游博物馆"效果如图 6-11 所示。

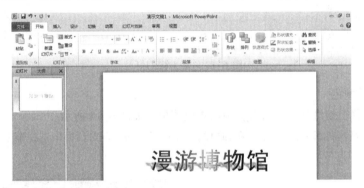

图 6-11　艺术字标题效果

2）插入图片

（1）选择"插入"→"图片"命令，弹出"插入图片"对话框，如图 6-12 所示。

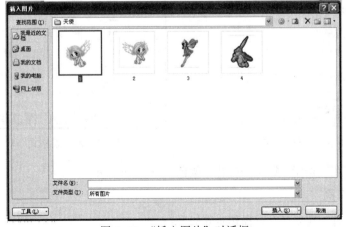

图 6-12　"插入图片"对话框

（2）在"查找范围"下拉列表中找到图片存放的位置，选中需要的图片后，单击"插入"按钮，"天使"图片就显示在第1张幻灯片上了。

（3）选中图片，用鼠标拖动图片周围的控制点，将图片缩放到合适的大小，并旋转到合适位置，如图6-13所示。

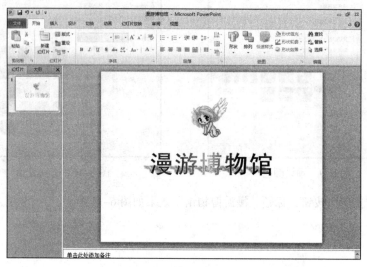

图6-13　第1张幻灯片

3）添加背景颜色

（1）将鼠标移至幻灯片上，右击，弹出快捷菜单，如图6-14所示。

（2）选择"设置背景格式"命令，在弹出的"设置背景格式"对话框中选择渐变颜色，如图6-15所示。

图6-14　下拉菜单

图6-15　"设置背景格式"对话框

（3）单击"关闭"按钮，第1张的背景颜色如图6-16所示。

3．保存演示文稿

制作好的幻灯片一定要保存，操作步骤如下：

（1）单击快速访问工具栏中的"保存"按钮，弹出图6-17所示的"另存为"对话框。

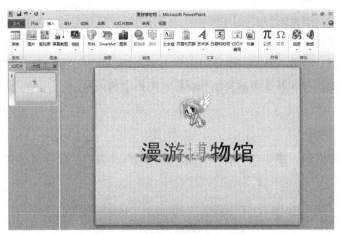

图 6-16　添加背景色的幻灯片

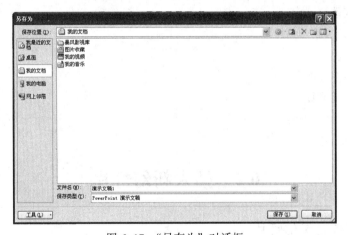

图 6-17　"另存为"对话框

（2）选择保存位置（例如 D:），输入文件名"漫游博物馆"。

（3）单击"保存"按钮。

温馨提示

　　在"另存为"对话框的默认保存位置是"我的文档"，文件名是"演示文稿1"，保存类型是"PowerPoint 演示文稿"，说明保存的是一个演示文稿，而第 1 张幻灯片仅是同一主题演示文稿中的一张幻灯片。

4．退出 PowerPoint 2010

保存演示文稿之后，单击窗口右上角的"关闭"按钮或选择"文件"→"退出"命令，退出 PowerPoint 2010。

归纳总结

本节主要学习了以下内容：

（1）创建演示文稿。

（2）制作第一张幻灯片。

（3）保存演示文稿。

通过本节的学习，熟悉了 PowerPoint 2010 的基本功能，掌握了建立演示文稿、制作幻灯片和保存演示文稿的方法，并理解了演示文稿和幻灯片的概念和关系。

自主练习

自拟主题，搜集资料，建立电子演示文稿，输入幻灯片内容，保存演示文稿。

参考主题：

（1）透视计算机。

（2）我和因特网。

（3）计算机病毒。

（4）北京的四季。

（5）我和奥运。

（6）我爱我车。

（7）和谐社会你我他。

（8）中国的传统节日。

（9）京剧艺术。

（10）古典音乐。

6.2　插入新幻灯片

【任务 6.2】制作目录幻灯片

为演示文稿"漫游博物馆"插入目录页（参见图 6-1 第 2 张），并放映演示文稿。

任务分析

要编辑已保存的演示文稿，首先要打开演示文稿，然后输入目录中有关的文字。为使目录显得生动活泼，可以增加一些动画效果。最后放映制作好的演示文稿。

动手实践

1．打开演示文稿

（1）启动 PowerPoint 2010，单击快速访问栏中的"打开"按钮，弹出"打开"对话框，如图 6-18 所示。

（2）在"查找范围"下拉列表中找到演示文稿的保存位置（D 盘），其中包含的文件夹及文件会显示在"查找范围"列表框中。

（3）选中文件名"漫游博物馆"，单击"打开"按钮。

"查找范围"下拉列表

选中文件名

单击"打开"按钮

图 6-18　"打开"对话框

2．插入新幻灯片

1）插入幻灯片

选择"开始"→"新建幻灯片"命令，在演示文稿"漫游博物馆"中插入一张新的幻灯片，如图 6-19 所示。同时在幻灯片编辑区中出现了新的幻灯片，而且有了序列号"2"。

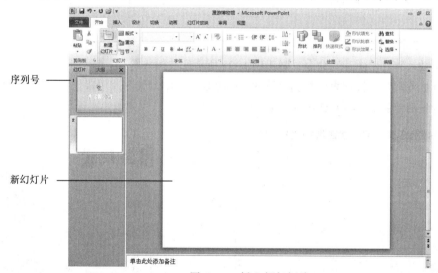

序列号

新幻灯片

图 6-19　插入新幻灯片

2）输入文本

（1）选择"标题和内容"幻灯片版式。

（2）输入艺术字标题"漫游目录"。

（3）在"内容"文本框中输入图 6-20 所示的文本内容，选择 36 号、绿色、楷体。

❖ 博物馆简介
❖ 外国博物馆
❖ 中国博物馆
❖ 五大博物馆

图 6-20　漫游目录

（4）选择"开始"→"项目符号"命令，在图 6-21 所示的下拉列表中选择"项目符号和编号"，在弹出的"项目符号和编号"对话框中选择一个合适的项目符号后，单击"确定"按钮，如图 6-22 所示。

图6-21 "项目符号"下拉列表

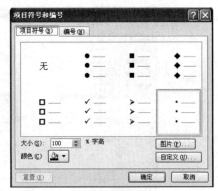

图6-22 "项目符号和编号"对话框

温馨提示

　　如果选择了某种版式，在应用过程中感觉不适合，可以重新选择版式，也可以在原版式上添加或删除，改变原版式。

　　如果感觉项目符号少，还可以单击"项目符号和编号"对话框中的"图片"按钮，获得更多的项目符号供选择。

3）添加背景图片

（1）选择"插入"→"图片"命令，弹出图6-23所示的"插入图片"对话框。

（2）在"查找范围"下拉列表中找到存放图片的磁盘，选中背景图片"背景"，单击"插入"按钮，添加了背景图片的新幻灯片效果如图6-24所示。

图6-23 "插入图片"对话框

图6-24 添加了背景图片

温馨提示

　　如果添加的背景图片覆盖了文字，可以选择"格式"→"下移一层"命令。

4）让图片动起来

（1）在"漫游目录"的幻灯片上插入一张图片，如插入"大公鸡"图片，将图片移到幻灯片右下角。

（2）选择"动画"→"飞入"命令，如图6-25所示。

（3）选择"幻灯片放映"→"从当前幻灯片开始"命令，如图 6-26 所示，可看到第二张幻灯片全屏显示，单击，图片飞入幻灯片。

图 6-25　选择"飞入"命令

图 6-26　选择"从当前幻灯片开始"命令

温馨提示

　　撤销放映幻灯片的全屏显示，可以单击屏幕左下角的按钮▤，在弹出的下拉列表中选择"结束放映"命令，如图 6-27 所示。

图 6-27　下拉列表

如果想去掉已设置的动画效果，选中相应的图片，选择"动画"→"无"命令即可。

给文字设置动画效果的方法与设置图片动画效果的方法相同。

知识窗—删除幻灯片

　　如果对幻灯片不满意，既可以编辑修改，也可以删除以后再插入新的幻灯片。删除时，只要将鼠标放在需要删除的幻灯片上右击，在弹出的快捷菜单中选择"删除幻灯片"命令，该幻灯片即被删除。

3．播放和保存幻灯片

（1）按【F5】键，播放幻灯片。单击，显示下一张幻灯片。

（2）按【Esc】键，退出播放。

（3）单击快速访问工具栏中的"保存"按钮，保存修改后的演示文稿。

归纳总结

本节主要学习了以下内容：

（1）打开演示文稿，插入新幻灯片。

（2）插入图片，设置动画效果。

（3）删除幻灯片。

通过本节的学习，掌握了插入新幻灯片和输入文本、插入背景图片、设置图片动画效果的方法，在放映自己制作的电子演示文稿的同时，也激发了学习兴趣。

拓展知识

PowerPoint 2010 的幻灯片视图方式有 4 种：普通视图、幻灯片浏览、备注页和阅读视图。选择"视图"→"演示文稿视图"组中可以看到 4 种视图方式，如图 6-28 所示。

图 6-28　4 种视图方式

1）普通视图

启动 PowerPoint 2010 后的默认视图，是主要的编辑视图，用于撰写或设计演示文稿。

2）幻灯片浏览视图

选择"幻灯片浏览"命令，即可切换到幻灯片浏览视图，在浏览视图中，可以看到演示文稿中的所有幻灯片，并且有顺序号，如图 6-29 所示（图 6-1 显示的也是浏览视图）。

在浏览视图中，如果想添加新幻灯片，只要在已有的幻灯片右侧单击，出现竖线后再右击，选择快捷菜单中的"新建幻灯片"命令即可。如果想删除幻灯片，在选中幻灯片后右击，选择快捷菜单中的"删除幻灯片"命令即可。

3）备注页

为对应的幻灯片添加提示信息，如图 6-30 所示，对使用者起备忘、提示作用，在实际播放演示文稿时看不到备注栏中的信息。

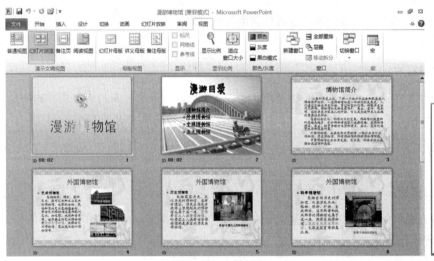

图 6-29　幻灯片浏览视图　　　　　　　　　　图 6-30　备注页

4）阅读视图

放映演示文稿并查看设计好的演示文稿的放映效果。单击"阅读视图"命令，从第一张幻灯片开始，就像电影、电视一样全屏放映，单击鼠标，继续放映下一张幻灯片……。

右击，在弹出的菜单中选择"结束放映"命令（或按【Esc】键），即可结束放映。

自主练习

（1）完成演示文稿"漫游博物馆"目录幻灯片的制作。

（2）在网上搜集图片，制作一张幻灯片，显示3辆摩托在赛车，如图6-31所示。

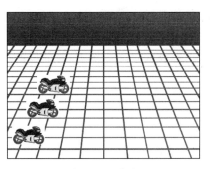

图6-31 赛车

6.3 整理幻灯片

【任务6.3】编辑"漫游博物馆"（一）

在演示文稿"漫游博物馆"中插入第3张和第4张幻灯片，调整幻灯片之间的顺序、设置格式和切换效果。

任务分析

当演示文稿中插入了多张幻灯片时，就需要整理，也就是从整个演示文稿考虑，适当调整幻灯片的顺序，对幻灯片的格式，包括应用设计模板、调色方案和动画方案进行设置。为了使演示文稿放映时更生动，还应该设置幻灯片切换的方式。

动手实践

1．插入新幻灯片

按图6-32所示的形式，在"漫游博物馆"中插入并编辑第3张和第4张幻灯片。

（a）第3张幻灯片 （b）第4张幻灯片

图6-32 插入幻灯片

2．调整幻灯片的顺序

调整幻灯片第 3 张和第 4 张的位置。

在"幻灯片"选项卡中选中第 4 张幻灯片，如图 6-33（a）所示，用鼠标拖动第 4 张往上移动，当第 3 张上边出现一条横线时释放鼠标，两张幻灯片的位置就互换了，且其序列号也相应调整了，如图 6-33（b）所示。

（a）调整顺序前 　　　　　　　　　　　（b）调整顺序后

图 6-33　调整顺序前后对比

温馨提示

（1）如果选中第 3 张幻灯片，用鼠标往下拖动，也能实现互换效果。

（2）将演示文稿切换到"幻灯片浏览"视图方式，用平移方法也可以调换幻灯片的顺序，如图 6-34 和图 6-35 所示。

图 6-34　调整顺序前

图 6-35　调整顺序后

（1）按图 6-36 和图 6-37 所示的形式，插入第 5 张和第 6 张幻灯片。

（2）将新插入的两张幻灯片互换顺序，即把有"历史博物馆"的第 6 张幻灯片调整为第 5 张。

图 6-36　第 5 张幻灯片

图 6-37　第 6 张幻灯片

3．设置幻灯片格式

1）应用设计模板

除了给幻灯片的背景添加颜色和图片外，还可以直接使用 PowerPoint 2010 提供的设计模板，统一演示文稿的外观。

（1）选择"设计"→"主题"→"所有主题"命令，有更多的模板可以选择，如图 6-38 所示。

（2）选择"诗情画意"模板，演示文稿即应用了"诗情画意"模板。

选中的模板

图 6-38　幻灯片模板

温馨提示

　　右击选中的模板，在弹出的菜单中可以选择该设计模板应用的幻灯片，是应用于所有幻灯片或应用于选定幻灯片，如图 6-39 所示。

图 6-39　设计模板菜单

2）预览动画

对幻灯片中的图片或文字设置了动画效果后，选择"动画"→"预览"命令，即可看到动画效果。

选择"动画"→"高级动画"→"动画窗格"命令，在打开的"动画窗格"中单击"播放"
按钮，能看到动画的方式和路径，如图 6-40 所示。

图 6-40　动画窗格

温馨提示

　　PowerPoint 2010 预设了多种动画方案，单击"动
画"下拉按钮，在打开的"动画"列表框中可以选择
动画方式，如图 6-41 所示。
　　如果对已经设置的动画不满意，可以选择"无"
方式，取消设置。

图 6-41　动画方式

4. 设置切换效果

切换效果是指在放映过程中，每张幻灯片进入和离开屏幕的方式。

（1）选中第 1 张幻灯片，选择"切换"→"切换到此幻灯片"命令，可选择切换方式，如
图 6-42 所示。

图 6-42　"切换到此幻灯片"列表

（2）预览查看切换的效果。

温馨提示

（1）如果想对几张幻灯片设置同样效果的动画或切换方式，可以按住【Shift】键的同时单击鼠标左键选中几张连续幻灯片，或按【Ctrl】键的同时单击几张不连续的幻灯片，然后选择动画或切换方式。

（2）如果想为幻灯片设置声音效果，可以在"切换"→"声音"→"声音"命令中选择某种声音。

（3）换片的默认方式是"单击鼠标时"，也可以设置时间，如设置为每隔 6 秒，幻灯片将会按每隔 6 秒一张自动播放。可以按照不同的需求选择幻灯片切换方式。

归纳总结

本节主要学习了以下内容：
（1）调整幻灯片的顺序。
（2）设置幻灯片的设计模板及预览动画效果。
（3）设置切换效果。

通过本节的学习，掌握了整理幻灯片的基本方法，能比较熟练地对幻灯片的设计模板和切换方式进行设置。

拓展知识

母版格式设置

应用设计模板可以设置幻灯片的外观。实际上，当应用设计模板时，外观先被应用到母版上，然后套用到幻灯片上，也就是说，母版是设计模板和幻灯片之间的桥梁，如果要改变多张幻灯片乃至整个演示文稿的文字格式和排版，改变母版即可。

（1）选择"视图"→"幻灯片母版"命令，打开"幻灯片母版"视图，如图 6-43 所示。

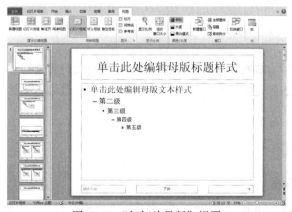

图 6-43　"幻灯片母版"视图

（2）选中"单击此处编辑母版文本样式"字样，右击，在弹出的快捷菜单中选择"项目符号"中的某种符号，如图 6-44 所示。

（3）选择"幻灯片母版"→"关闭母版视图"命令，演示文稿中所有幻灯片的项目符号都发生了变化，如图6-45所示。

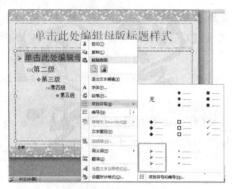

图6-44　快捷菜单

图6-45　调整母版改变项目符号

自主练习

（1）给演示文稿"漫游博物馆"中的幻灯片应用不同的设计模板。

（2）打开"素材"文件夹中的演示文稿"漫游博物馆"，为每张幻灯片设置不同的动画方式。

（3）打开"素材"文件夹中的演示文稿"漫游博物馆"，为每张幻灯片设置不同的切换方式，其中的速度、声音和换片方式可按自己喜好设置。

6.4　修饰幻灯片

【任务6.4】编辑"漫游博物馆"（二）

调整"漫游博物馆"演示文稿中幻灯片动画的放映顺序，补充幻灯片中的表格内容，并在幻灯片中插入声音、设置超链接。

任务分析

演示文稿基本完成后，放映时会发现一些不足，需要对幻灯片进行补充和修饰。修饰包括插入音频、视频文件和设置超链接，修饰过程中，随时放映观看效果，才能使演示文稿美观、生动有趣、操作便捷。

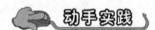

1．调整动画出现顺序

给一张幻灯片中的文字和图片设置动画效果后，会发现在幻灯片中显示了 0 、 1 、 2 等标志，这是动画的顺序号，同时在"动画窗格"中显示动画顺序列表，表示放映时动画出现的先后顺序，如图6-46所示。

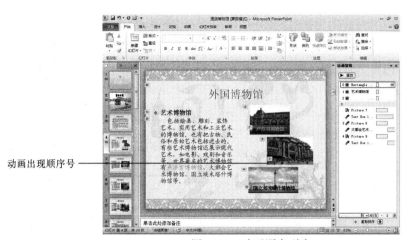

动画出现顺序号

图 6-46　动画顺序列表

想调整动画出现的顺序，如让最下面的图片先出现，操作步骤如下：

（1）按住【Ctrl】键的同时单击动画顺序列表中最后两项，即选中两个动画名称，如图 6-47 所示。

（2）单击 4 次"重新排序"的向上按钮 ⬆，被选中的两个动画名称移到最上面，如图 6-48 所示。

（3）单击"播放"或"预览"按钮，立刻会看到调整顺序后的动画效果。

> **温馨提示**
>
> 　　在"动画窗格"中选中一个动画，右击，在弹出的快捷菜单中可以选择动画的 3 个设置，即单击开始、从上一项开始、从上一项之后开始。

2. 插入更多对象

在幻灯片中，根据需要可以插入许多对象，如艺术字、图片、表格、自选图形、图表、公式，还有音频和视频文件等。

图 6-47　调整前

图 6-48　调整后

1）插入表格

将幻灯片的版式选择为"标题和内容"版式，便在幻灯片中插入表格。操作步骤如下：

（1）选择"标题和内容"的幻灯片版式，单击图 6-49 所示的"插入表格"按钮，弹出"插入表格"对话框，如图 6-50 所示。

图 6-49　单击"插入表格"按钮　　　图 6-50　"插入表格"对话框

（2）选择 4 列 2 行，单击"确定"按钮，在幻灯片中插入表格，如图 6-51 所示。

（3）输入表格中的内容，如图 6-52 所示。

图 6-51　插入表格　　　　　　　　图 6-52　输入表格内容

2）在文件中插入声音

（1）在"普通视图"状态中，选中第 13 张幻灯片。

（2）选择"插入"→"音频"命令，弹出"插入音频"对话框，如图 6-53 所示。

（3）在"查找范围"下拉列表中找到保存歌曲的文件夹，选中歌曲名"歌唱祖国"，单击"插入"按钮，幻灯片上显示音频图标。

（4）将鼠标指针移到音频图标上，就会显示播放器，如图 6-54 所示。单击"播放"按钮，即可播放歌曲"歌唱祖国"。

图 6-53　插入音频"对话框　　　　　图 6-54　播放歌曲

温馨提示

　　在"播放"→"音频选项"命令中可以设置播放形式，若想循环播放某个歌曲，则可以选择"循环播放，直到停止"复选框，如图 6-55 所示。还可以调节音量等。

　　插入影片与插入声音的操作类似。

图 6-55　"音频选项"功能区

3．设置超链接

　　在演示文稿中设置超链接，当放映幻灯片时，可以使幻灯片在对象之间、幻灯片之间、幻灯片与其他文件或程序之间以及幻灯片与网络之间自由跳转。

　　超链接的起点可以是文字、图片、图形等任何对象。

　　1）用文字做链接点

　　（1）在"普通视图"状态中，选中第 11 张幻灯片中的文字"首都博物馆"。

　　（2）选择"插入"→"超链接"命令，弹出"编辑超链接"对话框，如图 6-56 所示。

图 6-56　"编辑超链接"对话框

　　（3）在"链接到"选项区域中选择"本文档中的位置"选项，在"请选择文档中的位置"列表框中选择标题"13.首都博物馆"。这时，右侧的"幻灯片预览"区域显示该幻灯片的缩略图。

　　（4）单击"确定"按钮，对话框消失，幻灯片中的"首都博物馆"文字颜色被改变，并且文字下面添加了下画线，如图 6-57 所示。

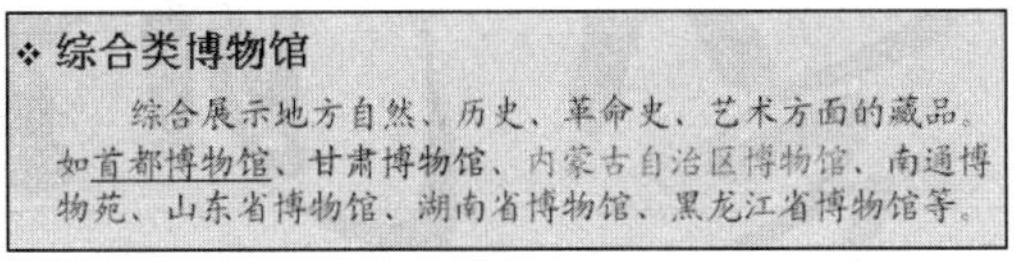

❖ 综合类博物馆
综合展示地方自然、历史、革命史、艺术方面的藏品，如首都博物馆、甘肃博物馆、内蒙古自治区博物馆、南通博物苑、山东省博物馆、湖南省博物馆、黑龙江省博物馆等。

图 6-57　链接文字颜色被改变

　　（5）放映第 11 张幻灯片，单击链接点"首都博物馆"，立刻跳转到第 13 张幻灯片。

　　设置图片为链接点与用文字做链接点的方法类似。

　　从图 6-56 中看出，当设置超链接时，在"请选择文档中的位置"列表框中，显示的是各张幻灯片的标题，其中有多张幻灯片标题是相同的，必须一一去浏览，才能确定是哪张，这就给用户选择链接目标带来了困难。如果没有标题，则显示的是幻灯片的编号，更增加了困难。因此在创建幻灯片时，一般应该为每张幻灯片输入标题，而且应各不相同。

2）设置返回动作按钮

使用动作按钮，也是设置超链接的一种方式。

（1）在"普通视图"状态中，选中第 18 张幻灯片。

（2）选择"插入"→"形状"命令，弹出下拉列表，如图 6-58 所示。

（3）选择"后退或前一项"命令，菜单消失，鼠标指针变成十字形状，用鼠标拖动十字到幻灯片的右下角绘制出按钮◀，同时弹出"动作设置"对话框，如图 6-59 所示。

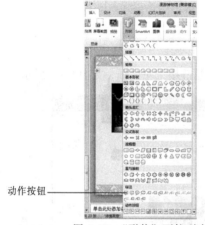

图 6-58　"形状"下拉列表　　　图 6-59　动作按钮和"动作设置"对话框

　　（4）选择"单击鼠标"选项卡，单击"超链接到"下拉按钮，在弹出的下拉列表中选择"幻灯片"命令，弹出"超链接到幻灯片"对话框，如图 6-60 所示。

　　（5）选择"幻灯片标题"中的"15.首都博物馆"，单击"确定"按钮，关闭"超链接到幻灯片"对话框。

　　（6）单击"确定"按钮，关闭"动作设置"对话框。

　　（7）放映第 18 张幻灯片，单击动作按钮，返回第 15 张幻灯片。

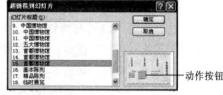

图 6-60　"超链接到幻灯片"对话框

　　返回到第 15 张幻灯片后，如想继续放映，需要单击屏幕左下角的"下一张"按钮██。

归纳总结

本节主要学习了以下内容：

（1）调整动画出现顺序。

（2）插入更多对象（表格、音频、视频）。

（3）设置超链接。

在制作电子演示文稿过程中，幻灯片的内容、幻灯片与幻灯片之间的衔接等都影响放映效果，因此，对幻灯片的修饰尤为重要。

拓展知识

录制声音

因为 PowerPoint 2010 可以有机地结合文字、图像、声音、动画等多种媒体效果，形式丰富多彩，生动活泼，有时用 PowerPoint 做企业宣传、报告会的电子演示文稿时，需要录制声音，而 PowerPoint 不仅可以插入声音文件，还支持直接在幻灯片上录音。当然，进行录音前必须准备好相应的硬件设备，如声卡、麦克风等。

录制声音的操作步骤如下：

（1）选择"幻灯片放映"→"录制幻灯片演示"命令，在图 6-61 所示的下拉列表，选择任一命令，均弹出"录制幻灯片演示"对话框，如图 6-62 所示。

图 6-61 "录制幻灯片演示"下拉列表　　图 6-62 "录制幻灯片演示"对话框

（2）单击"开始录制"按钮，弹出图 6-63 所示的"录制"对话框，开始录制。单击"暂停录制"按钮，弹出"Microsoft PowerPoint"提示框，如图 6-64 所示。录制完毕后单击"关闭"按钮，幻灯片在"幻灯片浏览"视图状态下显示，同时幻灯片上出现声频标志。

图 6-63 "录制"对话框　　　　　图 6-64 "Microsoft PowerPoint"提示框

（3）放映幻灯片时，单击声频标志，便开始播放录好的声音。

自主练习

（1）将演示文稿"漫游博物馆"中的幻灯片顺序重新排列。

（2）在演示文稿"漫游博物馆"中插入一小段视频。

（3）在第2张幻灯片上设置超链接，链接到相应的幻灯片中，然后设置动作按钮，使之能够返回。

6.5 发布演示文稿

【任务6.5】打印和发布"漫游博物馆"

随着多媒体技术的发展，人们在授课、演讲、报告中越来越多地使用电子演示文稿，它图文声像并茂，能很好地帮助人们表达思想、说明问题。因此，掌握多种发布、交流演示文稿的方法会给学习和工作带来很大帮助。

采用放映、打印、将演示文稿转换成网页等方法发布完成的演示文稿，与他人交流。

 **任务分析**

放映演示文稿，可根据需要和现场情况选择合适的类型，一般需要事先设置排练计时，能更好地把握放映时间。打印和转换网页都是展示演示文稿的方法，能与他人交流。

动手实践

1. 放映

放映演示文稿的方式有3种，即演讲者放映、观众自行放映和在展台放映。默认的方式是演讲者放映，通常是边讲边全屏放映，由演讲者自己控制。观众自行放映是在标准窗口观看，在观看过程中可以进行移动、复制、编辑和打印等操作。在展台放映一般用在展览会或公众场所，自动全屏放映完再重新开始。无论选用哪种放映方式，都可以先排练计时，然后按照不同的放映需求设置不同的放映方式。

1）排练计时

（1）选中第1张幻灯片，选择图6-65所示的"幻灯片放映"→"排练计时"命令，幻灯片全屏放映，且弹出图6-63所示的"录制"对话框开始计时。

（2）单击"录制"对话框的"下一项"按钮，继续计时。单击"关闭"按钮后，会打开图6-66所示的提示框。

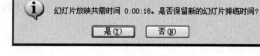

图6-65 "幻灯片放映→排练计时"命令 　　　　图6-66 提示框

（3）单击"是"按钮，保留幻灯片排练时间，如果单击"否"按钮，取消"录制"计时。

2）设置演讲者放映方式

（1）打开演示文稿"漫游博物馆"，选择图 6-67 所示的"幻灯片放映"→"设置放映方式"命令，弹出"设置放映方式"对话框，如图 6-68 所示。

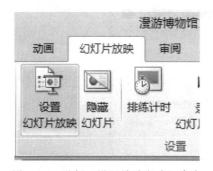
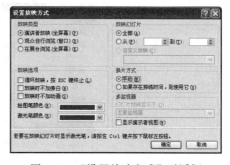

图 6-67　选择"设置放映方式"命令　　　　图 6-68　"设置放映方式"对话框

（2）在"放映类型"区域选中"演讲者放映（全屏幕）"单选按钮。

（3）在"放映幻灯片"区域选中"全部"单选按钮。

（4）在"换片方式"区域选中"手动"单选按钮，即在放映时，单击鼠标才能切换幻灯片。

（5）单击"确定"按钮。

温馨提示

如果只放映演示文稿中的部分幻灯片，可以设置 ○从（F）：[ ] 到（T）：[ ] 选项，输入起始和终止的幻灯片的序列号。

如果选中"如果存在排练时间，则使用它"单选按钮，在放映时会按照预先的排练计时自动切换。

2. 打印

（1）打开演示文稿"漫游博物馆"。

（2）选择"文件"→"打印"命令，如图 6-69 所示。

（3）使用上或下三角按钮选择打印份数后，选择"打印"命令。

图 6-69　"打印"命令

温馨提示

　　如果需要打印演示文稿的部分内容，可以选择"打印全部幻灯片"命令，在弹出的下拉列表中进行选择，如图 6-70 所示。

图 6-70　选择 "打印" 状态

归纳总结

本节主要学习了以下内容：
（1）放映演示文稿。
（2）打印演示文稿。
在本节中学会了发布信息的几种方法，便于将完成的演示文稿与他人交流和共享。

拓展知识

在放映中做标记

　　应用演示文稿授课、演讲、做报告时，可以随时在正演示的幻灯片上写字、画图、做标记或者加入使用者备注、切换程序以及临时定位下一张播放的幻灯片等。

1．做标记

　　（1）放映演示文稿"漫游博物馆"到第 3 张幻灯片"博物馆简介"。
　　（2）右击，弹出快捷菜单，如图 6-71 所示。
　　（3）选择"指针选项"→"笔"命令，鼠标指针变成小圆点，在需要做标记处拖动鼠标，即可以在放映幻灯片中做标记，如图 6-72 所示。

图 6-71　快捷菜单　　　　　　　　图 6-72　用笔做标记

（4）做好标记后，单击屏幕左下方的 ▤ 按钮，在弹出的下拉列表中选择"结束放映"命令，弹出提示框，如图 6-73 所示。

（5）单击"保留"按钮，幻灯片回到"普通视图"状态，标记被保留。若选择"放弃"按钮，则标记消失。

图 6-73　提示框

温馨提示

如果选择的指针是"荧光笔"做标记，效果如图 6-74 所示。

中国博物馆划分为历史类、艺术类、科学与技术类、综合类这四种类型。

图 6-74　用荧光笔做标记

2．墨迹颜色

打开图 6-72 所示的快捷菜单，选择"指针选项→墨迹颜色"命令，可以选择标记的颜色。

3．擦除墨迹

如果想去掉某个标记，可以打开图 6-71 所示的快捷菜单，依次选择"指针选项"→"橡皮擦"命令，鼠标指针变成橡皮状，将鼠标指针移到需要擦的标记上，按在【Ctrl】键的同时单击，这个标记立刻消失。

如果想去掉幻灯片中所有标记，可以打开图 6-71 所示的快捷菜单，选择"指针选项"→"擦除幻灯片上的所有墨迹"命令，所有绘制的笔迹会全部消失。

4．返回正常播放

打开图 6-71 所示的快捷菜单，选择"指针选项"→"箭头"命令，鼠标指针恢复原状，即可继续播放幻灯片。

自主练习

为自己设计一份求职用的演示文稿，要求至少有 6 张幻灯片，图文声像并茂，并进行放映和打印。

第 7 章

常用工具软件

本章中将学习 3 个常用的工具：压缩软件、杀毒软件和光盘刻录软件的使用。

学习目标

- 掌握压缩软件的基本操作。
- 掌握分卷压缩操作和自解压文件的生成方法。
- 掌握杀毒软件常用设置方法。
- 掌握利用杀毒软件进行病毒查杀。
- 掌握计算机数据的清理方法。
- 掌握制作数据光盘和音乐光盘。

学习内容

章　　节	主要知识点	任　　务
7.1　使用 WinRAR 保存文档	1. WinRAR 压缩软件的基本操作 2. WinRAR 分卷压缩 3. 自解压文件的生成	7.1　使用 WinRAR 压缩和解压文件 7.2　多个文件的压缩和多卷压缩 7.3　添加压缩档案文件与创建自释放压缩文件
7.2　360 查杀病毒	1. 用杀毒软件查杀病毒 2. 杀毒软件的常用设置方法 3. 计算机数据的清理方法	7.4　设置杀毒软件，定时查杀病毒 7.5　使用清理专家，整理计算机数据
7.3　使用 Nero 刻录光盘	1. 将文件刻到光盘中 2. 制作音乐光盘	7.6　用 Nero 刻录软件，制作数据光盘 7.7　搜集歌曲，制作音频光盘

7.1　使用 WinRAR 保存文档

【任务 7.1】使用 WinRAR 压缩和解压文件

小明要把自己写的"采用节能灯的效果"文章发给朋友小王，但在使用 E-mail 过程中发现，由于小王的邮箱较小，而他的文章的容量较大，导致无法直接传送，只能将其压缩变小后传送。

任务分析

发送 E-mail 的操作，如果发送的数据容量较大，利用免费邮件传输时，可能会出现不稳定的现象，不一定能保证正常发送出去。所以要对这些数据进行压缩处理。而收到压缩文件后，也必须解压后才能阅读。

另外，以.exe 为扩展名的可执行文件无法在聊天软件中传送，一些邮箱也拒绝接受，也必须将它们压缩成扩展名为.rar 的文件传送。

动手实践

1. 启动 WinRAR

选择"开始"→"所有程序"→"WinRAR"→"WinRAR"命令（如果桌面有快捷方式，则直接双击桌面上的 WinRAR 快捷图标），启动 WinRAR，出现图 7-1 所示的 WinRAR 启动界面。

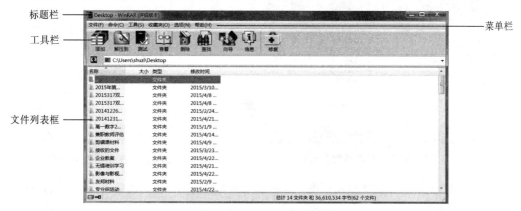

图 7-1　WinRAR 启动界面

知识窗　WinRAR

WinRAR 是一款非常实用的压缩工具，WinRAR 的特性包括强力压缩、多卷操作、加密技术、自释放模块、备份等。与众多的压缩工具不同的是 WinRAR 沿用了 DOS 下程序的管理方式，压缩文件时不需要事前创建压缩包，然后再向其中添加文件，而是可以直接创建，此外，把一个软件添加到一个已有的压缩包中也是非常轻松方便的。

WinRAR 还采用了独特的多媒体压缩算法和紧固式压缩法，这点更是针对性地提高了其压缩率，它默认的压缩格式为 RAR，该格式压缩率要比 ZIP 格式高出 10%～30%，同时它也支持 ZIP、ARJ、CAB、LZH、ACE、TAR、GZ、UUE、BZ2、JAR 类型压缩文件。

2．新建压缩文件

对桌面上的一个 Word 文件"采用节能灯的效果"这篇文章进行压缩。

方法 1：

（1）在地址栏中选择要压缩文件所在的路径（见图 7-1），然后在文件列表框中选择要压缩的文件"采用节能灯的效果"，单击 ⚏ 按钮，弹出图 7-2 所示的"压缩文件名和参数"对话框。

知识窗—— 压缩参数的设置 ————

　　可根据需要对"更新方式"和"压缩选项"进行相关的设置。在"高级"选项卡下可以通过"设置口令"按钮，对压缩文件进行加密设置，这样可起到保护压缩文件的作用。

　　在"文件"选项卡中，WinRAR 提供添加和删除文件的功能，通过此项可以及时向该压缩包中添加文件和删除压缩包中的某一无用文件。在"备份"选项卡中，可以通过各个选项及时备份压缩包中的文件。在"注释"选项卡中，可以为该压缩文件添加相关的注释说明，有待以后查证。

（2）单击"确定"按钮，开始压缩，并弹出图 7-3 所示的压缩进度对话框。

图 7-2　"压缩文件名和参数"对话框

图 7-3　压缩进度对话框

（3）压缩结束后，在桌面上会出现图 7-4 所示的名为"采用节能灯的效果"的压缩文件。

方法 2：

（1）在桌面上右击要压缩的文件"采用节能灯的效果"，弹出图 7-5 所示的快捷菜单。

（2）选择"添加到'采用节能灯的效果.rar'"命令，系统开始压缩文件，弹出图 7-3 所示的压缩进度对话框，完成对文件的压缩。

3．阅读压缩文件

要阅读压缩文件，有两种方法，一是直接打开它；另一种是先把它解压为源文件，然后打开阅读。

方法 1：直接打开文件阅读

（1）双击压缩文件"采用节能灯的效果.rar"图标，打开图 7-6 所示的 WinRAR 窗口。

图 7-4　压缩文件图标　　　　　　　　图 7-5　压缩文件快捷菜单

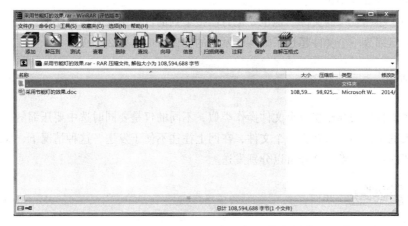

图 7-6　WinRAR 窗口

（2）在文件列表框中双击要打开的文件，则在不释放文件的情况下，可以直接查看文件内容。

方法 2：先解压再阅读

（1）右击需释放的压缩文件"采用节能灯的效果.rar"，在弹出的快捷菜单中选择"解压文件"命令，弹出图 7-7 所示的"解压路径和选项"对话框，可以对解压文件的路径和选项进行设置。

（2）单击"确定"按钮，弹出图 7-8 所示的解压缩进度对话框。

小说明

　　右击压缩文件时，快捷菜单中有 3 个命令，分别是"解压文件""解压到当前文件夹""解压到（压缩文件名目录）"，都可以用来解压缩。

　　如果选择"解压到'采用节能灯的效果'"命令，则会生成一个与解压缩文件名相同的文件夹，并将需解压缩的文件解压缩到此文件夹中。

　　可以根据要求选择解压缩方法。

　　注意：有些版本的"解压"命令为"释放"，相应的说明也有所不同，但功能都相似。

图 7-7 "解压路径和选项"对话框

图 7-8 解压缩进度对话框

【任务 7.2】多个文件的压缩和多卷压缩

小明从网络上搜集到很多有关汽车的文章，存放在"D:\auto"文件夹中，现在要把这些文件压缩发送给自己的好友小张。

小张收到了小明发来的文件，他也要把自己搜集到的汽车图片发送给小明。但这些图片占用空间非常大，压缩为一个文件超过了邮件能发送的文件长度，怎么办呢？

任务分析

压缩多个文件方法与压缩单个文件操作类似，不同的仅是要同时选中要压缩的多个文件。

一些很大的文件如果压缩为一个文件，在网上往往不便于发送，这种情况下，WinRAR 可以把这个文件压缩成几个卷，这样可以分别发送。

动手实践

1. 建立含有多个文件的压缩文件

（1）启动 WinRAR，打开图 7-9 所示的 WinRAR 窗口。

（2）单击地址栏右侧的下拉按钮，选择"桌面\汽车资料"文件夹，这个文件夹下的所有文件全都显示在文件列表框中，如图 7-9 所示。

（3）选择"文件"→"全部选定"命令，将此文件夹下的所有文件选中，如图 7-10 所示。

图 7-9 WinRAR 窗口

图 7-10 选择"全部选定"命令

小说明

　　如果要一次对多个文件或文件夹进行解压缩，还可按住【Ctrl】键的同时单击文件或文件夹选择不连续的对象，或按【Shift】键的同时单击文件或文件夹进行连续的多个对象的选择，然后按住鼠标左键直接拖到资源管理器中，或者在已选的文件上右击，选择相应的释放目录即可。

　　（4）单击"添加"按钮，将文件添加到压缩文件中，在图7-11所示的"压缩文件名和参数"对话框中输入压缩文件名"汽车使用技巧"。

　　（5）单击"确定"按钮，完成对这些文件的压缩。压缩文件自动存在桌面原文件夹下，如图7-12所示。

图7-11　设置压缩文件名

图7-12　压缩后的文件

2．大文件的分割多卷压缩

　　（1）右击"汽车图片"文件夹，在弹出的快捷菜单中选择"添加到文件"命令。

　　（2）弹出图7-13所示的"压缩文件名和参数"对话框，在"切分为分卷，大小"文本框中输入分卷的大小，如3MB。

　　（3）单击"确定"按钮，弹出压缩进度对话框开始压缩。压缩结束后，生成了多个分卷压缩文件包，如图7-14所示。

图7-13　设置压缩分卷大小

图7-14　生成分卷压缩文件

【任务7.3】添加压缩档案文件与创建自释放压缩文件

小明搜集了一些手绘场景图，保存在桌面上的"室里场景设计图"文件夹中。为了防止被意外删除，将它压缩生成了一个压缩文件。后来小明又找到了一些资料，同样保存在这个文件夹中，为了使压缩文件与这个文件夹的文件保持同步，如何才能将未压缩的文件添加到压缩文件中呢？如果没有压缩软件，还能将压缩的文件顺利解压缩吗？

任务分析

对于一些需要作为备份的文件，可以利用 WinRAR 软件以添加并替换文件的更新方式来使压缩文件与原文件保持同步。同时，对于可能没有安装 WinRAR 压缩软件的一方，可以利用 WinRAR 软件生成自释放文件来完成压缩，然后再传送。

动手实践

1．添加压缩档案文件

1）压缩现有文件

（1）右击要压缩的"室里场景设计图"文件夹，在弹出的快捷菜单中选择"添加到档案文件"命令，弹出如图 7-15 所示的对话框。

（2）在"压缩文件名和参数"对话框中的"压缩文件名"文本框中输入"室内场景设计图.rar"，单击"确定"按钮，完成资料的压缩文件。

2）更新压缩文件

将搜集到的新的场景图复制到"室内场景设计图"文件夹后，需要对原有的资料的压缩文件进行更新。

（1）右击待压缩的"室内场景设计图"文件夹，在弹出的快捷菜单中选择"添加到文件"命令。

（2）在图 7-16 所示的"压缩文件名和参数"对话框中选择更新方式为"添加并更新文件"。

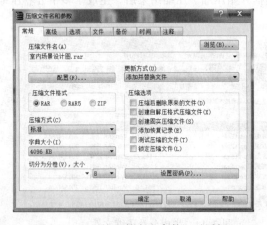

图 7-15 "压缩文件名和参数"对话框

图 7-16 设置更新方式

（3）单击"确定"按钮，完成对新添加的文件的压缩。

2．创建自释放压缩文件

（1）右击要压缩的文件"室内场景设计图"文件夹，在弹出的快捷菜单中选择"添加到档案文件"命令，弹出图 7-17 所示的"压缩文件名和参数"对话框。

（2）选中"压缩选项"区域中的"创建自解压格式压缩文件"复选框。

（3）单击"确定"按钮，WinRAR 生成图 7-18 所示的自释放压缩文件。

图 7-17　创建自解压格式压缩文件　　　　图 7-18　自释放压缩文件图标

3．解压自释放文件

（1）双击  文件图标，弹出图 7-19 所示的"WinRAR 自解压文件"对话框。

（2）单击"浏览"按钮，弹出图 7-20 所示的"浏览文件夹"对话框，选择本地磁盘作为存储解压文件的空间，单击"确定"按钮即可。

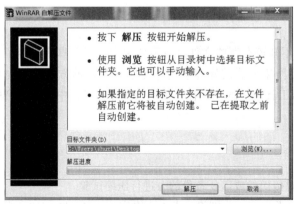

图 7-19　"WinRAR 自解压文件"对话框　　　图 7-20　"浏览文件夹"对话框

（3）单击图 7-19 中的"解压"按钮，弹出如图 7-21 所示的自解压进度对话框，完成文件的解压缩操作。

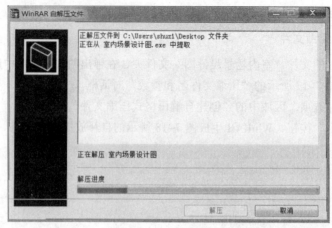

图 7-21　自解压进度

归纳总结

本节主要学习了以下的内容：

（1）WinRAR 压缩软件的安装与基本操作。

（2）WinRAR 分卷压缩操作。

（3）自解压文件的生成与释放方法。

拓展知识

1. 修复受损的压缩文件

如果打开一个压缩包，却发现它发生了损坏该怎么办？可以启动 WinRAR，定位到这个受损压缩文件夹下，在其中选中这个文件，再单击工具栏上的"修复"按钮，确定后 WinRAR 即开始修复这个文件，并会打开修复的窗口。

2. 给自己的压缩包加个注释

使用的压缩文件多了，时间一长就会不知道有哪些文件，更不要说文件里有哪些内容了。如果给压缩文件写几句注释的话，以后打开来一看就知道它的作用了。具体的方法是：先用 WinRAR 打开相应的 RAR 文件，然后单击工具栏上的"注释"按钮，在注释窗口中输入自己的注释内容即可。

自主练习

（1）利用 WinRAR 对自己的文件（需要传送的或需要备份的）进行压缩试验。

（2）利用分卷压缩的功能将文件进行分卷压缩，分别将分卷大小设定为 1 MB 和 1 KB，观察生成的压缩文件的大小。

（3）利用 WinRAR 将多首 MP3 歌曲压缩为一个文件。

操作提示

将压缩的文件名扩展名改为.mp3，同时将压缩方式由"标准"改为"存储"。

7.2　360 杀毒软件查杀病毒

【任务 7.4】设置杀毒软件，定时查杀病毒

小明的计算机近来总是莫名其妙的死机，运行程序也比较慢，他想利用杀毒软件对计算机进行检查。同时想通过对杀毒软件的设置，让杀毒软件在指定的时间进行杀毒和升级操作。

任务分析

对于莫名其妙的死机、计算机运行程序比较慢的现象，首先要考虑到是不是感染病毒了，若计算机中没有安装防病毒软件，就要先安装一个杀毒软件，还要进行一些常用的设置，才能及时发现、有效清除已知的计算机病毒。

当前国内常见的查杀计算机病毒软件主要有金山、瑞星和卡巴斯基、江民、360 等几家公司的产品，其功能和使用方法大同小异。本节以 360 杀毒软件为例介绍杀毒软件的使用方法。

动手实践

1．计算机病毒及其特点

1）什么是计算机病毒

"计算机病毒，是指编制或者在计算机程序中插入的破坏计算机功能或者毁坏数据，影响计算机使用，并能自我复制的一组计算机指令或者程序代码。"因为这种恶性程序一般有干扰破坏作用，所以借用生物学中的"病毒"这一术语来称呼它。这种破坏性程序一旦进入计算机，在一定条件下会反复地自我复制，破坏计算机系统中的数据，使计算机系统不能正常工作。用户如果使用、复制携带病毒的软件，或通过网络接收了有病毒的信息，用户的计算机就可能被感染。由于计算机病毒一般具有破坏作用，如果重要部门的信息系统感染上计算机病毒，当这些病毒发作时，它的危害性是很大的。加强对计算机病毒的防治是计算机应用非常重要的课题之一。

2）计算机病毒的特点

（1）隐蔽性。计算机病毒虽然也是程序，但它不是以文件的形式存在，而是隐藏于正常程序和文档之中，所以使用一般的方法不能发现和观察到。

（2）传染性。由于计算机病毒的隐蔽性，所以在计算机和网络上复制和收发程序、文档和邮件时，计算机病毒就可能被传播。另外，由于计算机病毒大多有自复制的特点，所以计算机病毒的传播速度就非常惊人，一旦感染，很快就会泛滥。这是计算机病毒的一个重要特点，也是造成很大破坏性的一个主要原因。

（3）破坏性。有些计算机病毒通过对正常程序和数据的增、删、改、移，使程序不能正常运行，严重时可使系统瘫痪。

（4）潜伏性。有些计算机病毒侵入后，并不立即发作，而是潜伏在计算机中等待条件成熟。激发病毒发作的条件是病毒开发者设定的，可以是日期、时间、文件名等。

2．启动 360 杀毒软件

杀毒软件在计算机启动后会自动运行。当需要进行病毒查杀工作时，双击任务栏右侧的 360 图标，出现图 7-22 所示的界面。

图 7-22　360 杀毒界面

知识窗——系统受到计算机病毒侵入的症状——

- 文件可读信息的改变。有些文件型病毒在感染程序文件时，会使文件的长度加长，有些文件型病毒在感染程序文件时，会使文件的日期信息改变，关注常用程序文件的长度、日期等信息，有助于发现这些病毒。
- 系统运行失常。计算机病毒通常会造成系统运行的不正常，诸如较频繁的不正常死机，或者不明原因的速度减慢，软盘或光盘的消失，应用程序不能运行等都可能是病毒造成的症状。
- 不明显示画面的出现。有些病毒会在计算机屏幕上显示一些奇怪的画面，如将计算机的画面翻转过来，出现一只彩色的毛毛虫跑来跑去或出现来历不明的画片等，这都是有计算机病毒的基本症状。

3．使用 360 杀毒软件查杀病毒

（1）双击"全盘扫描"选项，可直接进行全盘杀毒。若只想查杀 D 盘是否有病毒，则选择"自定义扫描"选项，如图 7-23 所示。

 小说明——

若要对特定的文件或文件夹进行病毒查杀，只需要在该目标上右击，选择"使用金山毒霸进行扫描"命令即可。

（2）选中"本地磁盘（D:）"复选框，单击"扫描"按钮，弹出图 7-24 所示的开始扫描对话框。

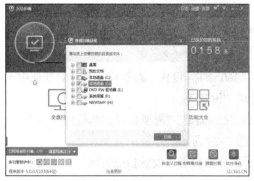

图 7-23　选择指定路径　　　　　　　　图 7-24　扫描病毒过程

（3）在扫描过程中若要暂停扫描，则单击"暂停扫描"按钮，若想继续查杀病毒，则单击"继续"按钮。

（4）若要中止杀毒过程，单击"停止"按钮，弹出图 7-25 所示的确认对话框。

（5）单击"停止扫描"按钮中止杀毒过程，单击"继续扫描"按钮则继续杀毒。

（6）杀毒结束后，会出现图 7-26 所示的界面。

图 7-25　中止杀毒确认　　　　　　　　图 7-26　查杀结果

（7）若查出病毒或安全隐患，则会出现图 7-27 所示的界面。

（8）单击"日志"超链接，会打开图 7-28 所示的查杀日志信息。

图 7-27　查杀反馈信息　　　　　　　　图 7-28　病毒日志信息

（9）查杀病毒完成后，单击"完成"按钮，完成病毒的查杀。

4．设置 360 杀毒

1）杀毒设置

（1）启动 360 杀毒软件，界面如图 7-22 所示。

（2）选择"设置"命令，弹出图 7-29 所示的"360 杀毒–设置"对话框，在此对话框中可以进行常规设置、多引擎设置、病毒扫描设置、实时防护设置等。

（3）在"病毒扫描设置"中可以进行"需要扫描的文件类型""需要扫描的其他内容"以及"发现病毒时的处理方式"的选择。默认的选择内容如图 7-29 所示。

（4）选择"定时查毒"选项，打开图 7-30 所示的界面，可以设置扫描时间及扫描类型。

图 7-29 "360 杀毒–设置"对话框

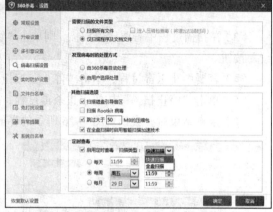

图 7-30 "定时杀毒"界面

2）升级设置

（1）选择图 7-30 中的"升级设置"选项，打开图 7-31 所示的"升级设置"界面。

（2）选择"自动升级设置"区域中的"定时升级性每天"单选按钮，并调节时间。

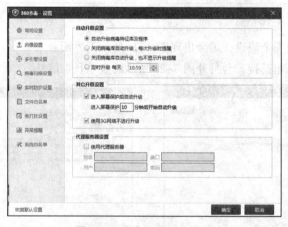

图 7-31 "升级设置"界面

（3）单击"确定"按钮完成升级设置。

这样的设置效果是计算机打开后，在每天固定的时间，计算机接入互联网时，会自动从病毒库服务器上下载相关数据，进行软件升级。

练一练

设置计算机在每周一中午 12：00 开始升级。

【任务 7.5】使用 360 安全卫士，整理计算机数据

小明的同学在自己的计算机中发现了木马程序，小明也想知道自己的计算机是否安全，如何才能让自己的计算机得到保护呢？听同学说要经常对计算机进行清理，还听说删除的文件能够利用反删除软件来恢复等，那能否利用"360 安全卫士"进行这方面的工作呢？

任务分析

要保证计算机与计算机内部信息的安全，应该让计算机具有"恶意软件查杀""漏洞修补"和"网页防挂马"的功能。为了不让以前的操作在计算机中留下痕迹，以保证自己的信息安全，应该定期进行历史痕迹和垃圾文件清理的操作。

动手实践

1．恶意软件查杀

（1）双击桌面上的"360 安全卫士"快捷图标，启动"360 安全卫士"，如图 7-32 所示。

（2）选择"查杀修复"选项，启动图 7-33 所示的界面，此处单击"快速扫描"按钮。

图 7-32　"360 安全卫士"启动界面

图 7-33　恶意软件扫描

小说明

扫描本机已安装的插件，根据评估，将插件分为两类，一类是明显恶意的病毒、流氓插件，如飘雪之类；另一类是提供正常功能的 IE 插件，如迅雷。为避免用户无意中删除此类插件，可以把有用的插件添加到信任列表。

（3）扫描结束后，出现图 7-34 所示的界面，没有发现恶意软件。

2．修补漏洞

（1）单击"漏洞修复"按钮，开始扫描系统漏洞，扫描结束后如图 7-35 所示。

图 7-34　扫描木马和安全危险项结果

图 7-35　漏洞检测信息

（2）选中推荐修复的项目，单击"立即修复"按钮，开始下载补丁程序，如图 7-36 所示。

（3）修复完成后，显示图 7-37 所示的界面。

图 7-36　漏洞修补进程

图 7-37　修复完成

（4）单击"补丁管理"按钮，可以看到所有被修补的补丁的信息，如图 7-38 所示。

3．文件粉碎功能使用

（1）双击"360 杀毒"图标，打开图 7-22 所示的界面。

（2）单击"功能大全"按钮，打开图 7-39 所示的窗口。

图 7-38　补丁管理信息　　　　　　　　　图 7-39　功能界面

（3）单击"添加文件"按钮，选中桌面上的"室内场景设计图"副本，如图 7-40 所示。

（4）单击"确定"按钮。将文件添加到粉碎文件列表框中，如图 7-41 所示。

小说明

可以添加多个文件，然后一起粉碎。还可以将整个文件夹粉碎。

（5）选中文件名前的复选框，单击"粉碎文件"按钮，将文件彻底删除，弹出图 7-42 所示的确认对话框。

（6）单击"是"按钮，将继续进行彻底删除的操作，单击"否"按钮则不删除选定文件，文件删除后弹出图 7-43 所示的界面。

图 7-40　添加粉碎文件

图 7-41　文件粉碎列表

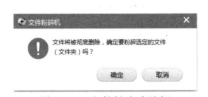

图 7-42　文件粉碎确认框

图 7-43　删除完成界面

4. 电脑清理

知识窗——什么是垃圾文件？

垃圾文件就是计算机运行使用过程中产生的硬盘痕迹记录，一天浏览网页 500 个，便相应产生 500 个垃圾文件。扫描出的系统垃圾一般都是无用文件，都可以删掉。删除之后，不会对系统和储存的资料有影响。

（1）单击图 7-22 中的"电脑清理"图标，打开图 7-44 所示的"电脑清理"窗口，有 6 种清理类型。

（2）单击"一键扫描"开始扫描过程，扫描结束后，显示图 7-45 所示的界面。单击"清除文件"按钮，打开"垃圾文件清理"界面。

（3）单击"一键清理"按钮开始清理。清理结束后弹出图 7-46 所示的界面。

图 7-44 "电脑清理"窗口

图 7-45 "垃圾文件清理"界面

图 7-46 清理完成窗口

归纳总结

本节主要学习了以下的内容：

（1）安装杀毒软件。

（2）利用杀毒软件进行病毒查杀。

（3）杀毒软件的常用设置方法。

（4）计算机数据的清理方法。

拓展知识

Windows 7 中的"历史痕迹清理"功能

（1）单击桌面上的 IE 快捷图标打开浏览器，如图 7-47 所示。

（2）选择"工具"→"Internet 选项"命令，弹出如图 7-48 所示的"Internet 属性"对话框。

（3）单击"浏览历史记录"区域下的"删除"按钮，弹出图 7-49 所示的"删除浏览的历史记录"对话框。

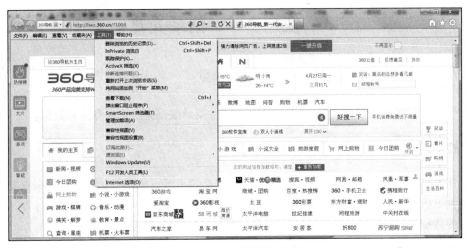

图 7-47　IE 浏览器页面

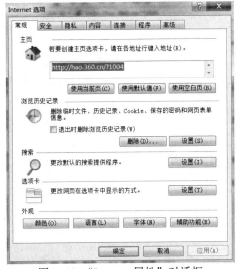

图 7-48　"Internet 属性"对话框

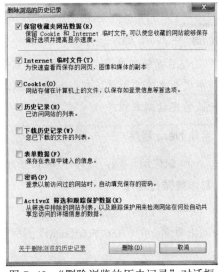

图 7-49　"删除浏览的历史记录"对话框

（4）选中"Internet 临时文件"复选框，可以删除系统保存的网页、图像和媒体的副本。

（5）选中"Cookie"复选框，可以删除网站保存在计算机中的如登录信息等文件。

（6）选中"历史记录"复选框，可以删除系统保护的已访问的网站的列表。

（7）选中"表单数据"复选框，可以删除保存在表单中输入的信息。

（8）选中"密码"复选框，可以删除以前登录网站时自动填写的密码。

（9）单击"删除"按钮，自动完成上述几项的删除工作。

自主练习

（1）利用杀毒软件对自己的计算机系统进行清理（垃圾文件、历史痕迹）。

（2）上网查找一些其他优化系统的软件，如优化大师，尝试利用这些软件进行系统清理。

7.3 使用 Nero 刻录光盘

【任务 7.6】用 Nero 刻录软件，制作数据光盘

小明搜集了很多网页制作素材，想使用 Nero 软件刻录数据光盘来保存这些数据。

任务分析

要制作数据光盘，首先要具备几个条件，其一是必须有光盘刻录机；其二计算机内要安装有支持这台刻录机的刻录软件；另外，所用光盘类型必须是这台刻录机兼容的格式，才能开始制作属于自己的数据光盘。

动手实践

知识窗 —— Nero 刻录软件

Nero 是德国某公司出品的光盘刻录程序。支持几乎目前所有型号的光盘刻录机，支持中文长文件名刻录，可以刻录从 CD、VCD、SVCD 到 DVD 等多种类型的光盘片，是一流的光盘刻录程序。

1. 启动 Nero 程序

单击 Nero 快捷图标，打开图 7-50 所示的 Nero 启动界面。

2. 制作数据光盘

（1）将一张空白的光盘放入刻录机。

（2）双击桌面上的"Nero StartSmart"图标，启动 Nero 程序，Nero StartSmart 初始窗口如图 7-51 所示。

（3）把鼠标指针指向左上角的星形图标，窗口如图 7-51 所示。

图 7-50　Nero 启动界面

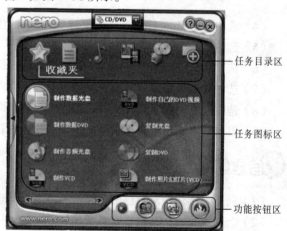

图 7-51　Nero StartSmart 初始窗口

——Nero StartSmart 窗口

　　任务目录区包括：收藏夹、数据、音频、照片和视频、复制和备份和其他任务目录。

　　任务图标区包括：在该任务目录下能完成的任务的图标。

　　功能按钮区包括：🔘模式转换按钮、🔘设置按钮、🔘更新设置按钮和🔘改变界面颜色按钮。

　　（4）单击任务图标区中的"制作数据光盘"按钮，如图 7-52 所示。

　　（5）在打开的图 7-53 所示的窗口中，选择要制作数据光盘的类型，若做成 CD，选择"数据光盘"选项；若制作数据 DVD，则选择"数据 DVD"选项。

　　（6）选择"数据光盘"选项，打开图 7-54 所示的添加数据窗口。

　　（7）单击右侧的"添加"按钮，打开图 7-55 所示的"添加文件和文件夹"窗口。

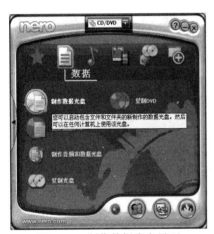

图 7-52　制作数据光盘界面

图 7-53　选择"数据光盘"选项

图 7-54　添加数据窗口

图 7-55　"添加文件和文件夹"窗口

　　（8）选择 D 盘下的"网页制作素材"文件，并单击"添加"按钮，所选文件添加到列表中，如图 7-56 所示。

　　注意添加的文件和文件夹总容量不要超过 CD 盘的容量。软件窗口的容量标尺用红线标出了 CD 盘的最大容量。

　　（9）单击"下一步"按钮，打开"最终刻录设置"窗口，当前刻录机列表框中显示计算机所用的刻录机型号。在"光盘名称"文本框中输入刻录光盘的名称，如图 7-57 所示。

　　若选中"刻录后检验光盘数据"复选框，则可以通过设置"刻录份数"，达到一次刻多张光盘的目的。刻录结束后，会自动进行封盘操作，即使光盘没有被刻满，以后也不能再写入新的数据。

　　若选中"允许以后添加文件（多区段光盘）"复选框，则只允许刻一张光盘。不会进行封盘操作，还允许以后将新的文件继续再写到光盘的空白区域中。

图 7-56　添加文件

图 7-57　"最终刻录设置"窗口

　　（10）单击"刻录"按钮，软件先进行文件暂存，当文件暂存过程结束后，开始光盘刻录过程，如图 7-58 所示。

　　（11）刻录结束后，弹出图 7-59 所示的提示框。

图 7-58　光盘刻录过程

图 7-59　刻录完毕提示框

　　（12）单击"确定"按钮，打开图 7-60 所示的打印或保存详细报告界面。

（13）若不需要详细报告，则单击"下一步"按钮，打开图 7-61 所示的界面。选择"新建项目"选项可以继续刻录新的光盘；选择"保存项目"选项则会将镜像文件保存到指定位置。

图 7-60　打印或保存详细报告界面　　　　　图 7-61　新建或保存项目界面

（14）若不做这些操作，则直接单击标题栏中的"关闭"按钮，弹出图 7-62 所示的"保存项目"对话框。

（15）再次确认是否保存项目，单击"否"按钮完成数据光盘的刻录。

图 7-62　"保存项目"对话框

练一练

（1）查看计算机光盘驱动器的类型。

（2）若是 CD-RW 或 DVD-RW，则备份数据和正版软件。

（3）一张光盘上印有 CD-R80 700MB 80MIN UP TO 52×SPEED 这样的信息，知道它的含义吗？将这张光盘用 10X 的光盘刻录机刻录，传输速率最高是多少？

【任务 7.7】搜集歌曲，制作音频光盘

小明搜集了很多好听的 mp3 格式的歌曲，他想把爱听的歌曲刻在一张光盘上，这样在听歌时就省去了来回换盘的麻烦，随身携带一张盘即可听到自己爱听的歌曲。

任务分析

先将这些文件复制在一个文件夹下，然后利用 Nero 的音频 CD 刻录功能刻录光盘。

动手实践

（1）搜集歌曲。在 D 盘下新建名为"音乐"的文件夹，将要刻在一张盘上的歌曲复制到这个文件夹下，如图 7-63 所示。

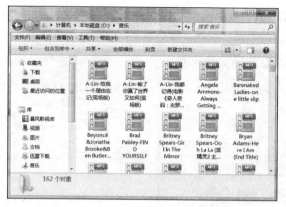

图 7-63　"歌曲"文件夹

温馨提示

要尊重创作者的知识产权，备份的正版软件或 CD 音频光盘、自制的 CD 歌曲专辑、复制的 VCD、DVD 光盘应限个人使用，不要随意给他人使用。

（2）启动 Nero 软件，打开图 7-50 所示的窗口。

（3）把鼠标指针移到任务目录区的"音频"图标上，出现图 7-64 所示的界面，选择"制作音频光盘"选项。

（4）弹出"我的音乐 CD"对话框，单击"添加"按钮，向文件列表框中添加歌曲，如图 7-65 所示。

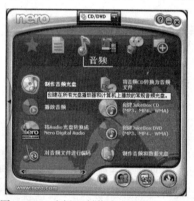

图 7-64　选择"制作音频光盘"选项

图 7-65　添加音频文件

温馨提示

在添加歌曲时，要注意窗口下方的时间线显示歌曲的总时间，一张 CD 音频光盘的总时间为 80 min，若添加的歌曲总时间超过 80 min，就要删除几首歌曲，方法是选中要删除的歌曲，单击窗口右侧的"删除"按钮。

（5）单击"下一步"按钮，打开图 7-66 所示的"最终刻录设置"界面，选择当前刻录机，并输入标题"我的音乐"。单击"刻录"按钮，开始刻录音频光盘。

图 7-66　"最终刻录设置"界面

（6）刻录结束后，弹出图 7-59 所示的提示框。

（7）后面的操作与任务 7.6 中的第 12～15 步操作相同。

归纳总结

本节主要学习了以下的内容：

（1）利用刻录软件将数据刻到光盘中。

（2）制作音乐光盘。

拓展知识

光盘格式

常见的光盘类型如图 7-67 所示。

（a）CD-RW　　　　　　　　　（b）CD-R　　　　　　　　　（c）DVD-R

图 7-67　常见的光盘类型

常用的 CD 价格低廉，但是相对而言容量较小，它有以下 3 种格式：

（1）CD-ROM。是一种只读光存储介质，能在直径 120 mm（4.72 in）、1.2 mm（0.047 in）厚的单面盘上保存 74～80 min 的高保真音频，或 682 MB（74 min）/737 MB（80 min）的数据信息。CD-ROM 与普通常见的 CD 外形相同，但 CD-ROM 存储的是数据而不是音频。

（2）CD-R。是一种一次写入、永久读的标准光存储介质。CD-R 光盘写入数据后，该光盘就不能再刻写了。刻录得到的光盘可以在 CD-DA 或 CD-ROM 驱动器上读取。CD-R 与 CD-ROM 的工作原理相同，都是通过激光照射到盘片上的"凹陷"和"平地"其反射光的变化来读取的；不同之处在于 CD-ROM 的"凹陷"是印制的，而 CD-R 是刻录机烧制而成的。

（3）CD-RW。这种光盘刻录的方式与 CD-R 相同，区别在于其可以擦除并多次重写。这样 CD-RW 可以方便灵活地进行文件的复制、删除等操作。

常见的 DVD 一般标称容量是 4.7 GB 或更高。其中 DVD-RW 和 DVD+RW 盘片价格低廉、使用方便，现在为绝大多数用户所接受。以前的刻录标准有不兼容以及其他问题，近年来已经得到解决。

现在新生产的 DVD 刻录机主要兼容 3 种格式的 DVD 盘片：DVD-RW、DVD+RW 和 DVD-RAM。其中 DVD-RAM 使用了类似于 CD-RW 的技术，但由于它在介质反射率和数据格式上的差异，前几年生产的多数标准 DVD-ROM 光驱不能读取 DVD-RAM 盘的数据。

自主练习

（1）能否将音乐光盘上的歌曲直接复制到计算机中？若不能，有什么办法可以做到？

（2）选择自己喜爱的歌曲，并将它们制作成音频光盘。

（3）将第 3 章中利用 Premiere 软件制作的"日出东方"影片刻在光盘上。